PREMIÈRES NOTIONS

DE

VITICULTURE ET D'ŒNOLOGIE,

DÉDIÉES A LA JEUNESSE DES ÉCOLES PRIMAIRES DANS LES CONTRÉES VITICOLES,

accompagnées de beaucoup de figures,

PAR

J. L. STOLTZ.

Auteur du Manuel élémentaire du cultivateur alsacien et de
deux opuscules en langue allemande sur la viticulture alsacienne, membre correspondant des
sociétés d'agriculture du Haut- et du
Bas-Rhin.

MULHOUSE,

IMPRIMERIE DE J. P. RISLER.

1848.

AVANT-PROPOS.

Dans les différents ouvrages ou traités élémentaires d'agriculture qui ont été publiés jusqu'à ce jour, dans les conditions posées par le programme de la Société centrale d'agriculture à Paris, on a omis de parler de la viticulture. Ce n'est pas cependant que cette branche de l'agriculture française soit d'une moindre importance que les autres ; au contraire, elle est pour un grand nombre de nos départements, encore de nos jours, la plus importante après celle des céréales ; elle est à la fois la source de plusieurs industries profitables, et le moyen d'existence presque unique, pour mainte contrée peu avantagée pour tout autre genre de culture.

La viticulture, pour devenir avantageuse, exige, de la part de celui qui s'en occupe, beaucoup de soins et des avances pécuniaires souvent considérables, puis du tact, du savoir pratique basé sur des principes rationnels ; elle demande en outre d'être modifiée au gré de nombreuses circonstances. Une faute commise entraîne à des pertes bien plus considérables dans l'exploitation de la vigne, que dans la culture des champs et des prés ; pour ces derniers, on peut la réparer facilement, mais pour la vigne il faut du temps et un surcroît de dépenses.

D'où vient cependant que les éléments de viticulture n'aient pas trouvé place dans les manuels d'agriculture qui ont été le résultat du programme publié par ordre du gouvernement? Cela vient probablement de la difficulté que présente la matière en elle-même ; car aucune des autres branches de l'agriculture n'est aussi compliquée que celle-ci : il est difficile d'en donner des notions générales, également applicables à toutes les régions viticoles, et assez étendues pour devenir d'une utilité générale.

La nécessité d'un traité spécial était évidente ; mais là se présentaient de nouvelles difficultés. Peut-être ai-je eu le bonheur de les surmonter dans mon petit livre intitulé : *Premières notions de viticulture et d'œnologie, etc.* Ces notions sont adaptées à l'intelligence des enfants de 10 à 14 ans, et pourront être appliquées, à peu près, à toutes les régions viticoles de la France. Je crois donc rendre un service à la chose publique en les publiant.

Propriétaire de vignes depuis 42 ans, surveillant et dirigeant personnellement toutes les opérations de leur culture et de la vinification ; ayant en outre fait une étude sérieuse et particulière de cette culture et de la plante qui en est l'objet, et m'étant entouré de tous les renseignements possibles, sur les différents modes de culture de la vigne en usage dans les diverses contrées viticoles de la France, dans la vallée

du Rhin et dans une partie de l'Allemagne méridionale, j'ai cru pouvoir entreprendre de combler
la lacune existante.

Au moyen de mes notions de viticulture, les jeunes élèves des écoles primaires, dans les régions viticoles, pourront se familiariser sans peine avec les
termes techniques de cet art, ou bien avec les dénominations données aux objets qui en font partie,
dénominations tellement variées et si bizarres quelquefois, qu'on les chercherait en vain dans les dic-
tionnaires et qui même ne peuvent pas être traduites,
le plus souvent, dans une autre langue. Puis, ces
notions serviront à faire connaître à cette jeunesse
la plante qui fait l'objet de l'exploitation viticole ,
ses propriétés, ses exigences sous le rapport du climat, du sol, de sa culture ; la nature et la valeur de
ses produits, etc. ; enfin elles lui indiqueront briève-
ment les règles générales d'après lesquelles cette
exploitation doit être conduite, pour donner du profit à ceux qui en font l'objet de leurs soins.

En écrivant ce petit traité élémentaire de viticulture, je me suis souvenu que l'une des dispositions
du programme de la Société centrale d'Agriculture
à Paris, concernant la rédaction des manuels élémentaires d'agriculture, portait : «que ces manuels devaient être rédigés avec une grande simplicité de style,
étranger à toute expression scientifique qui en ren-

drait l'intelligence difficile aux élèves des écoles primaires. »

Je crois avoir satisfait à cette disposition dans mes *Premières notions de viticulture et d'œnologie*. J'ai fait plus. Pour rendre ces notions plus intelligibles encore aux enfants auxquels je les destine, pour faire plus d'impression sur les jeunes mémoires, enfin pour donner à la lecture de mon petit livre plus d'attrait, j'y ai ajouté de nombreuses figures représentant les différentes parties de la vigne et de son fruit, les instruments et machines servant à la culture et à la vinification, les divers modes d'éducation ou de culture du cep, etc.

J'ai donc l'espoir que mon petit manuel de viticulture pourra fort bien combler le vide qui existe dans la plupart des livres élémentaires d'agriculture. L'instituteur qui demeure dans une commune viticole aura toutes les facilités pour expliquer à ses élèves la théorie de la viticulture par sa pratique [1].

Je publierai de mon ouvrage deux éditions, l'une en français et l'autre avec les textes français et allemand en regard. Les motifs qui m'engagent à pu-

---

[1] Si Dieu me prête vie et santé, je publierai, dans un temps rapproché peut-être, un petit manuel élémentaire d'agriculture et d'économie rurale, sous le titre : *Premières notions d'agriculture et d'économie rurale*, en forme d'entretiens entre un cultivateur et son fils, accompagné de nombreuses figures dans le texte.

blier une édition avec textes français et allemand en regard, sont puisés dans l'état actuel de l'enseignement primaire dans les deux départements du Rhin, dans ceux de la Meurthe et de la Moselle, dont le plus grand nombre des habitants parlent encore l'idiôme allemand. Par suite de cet état de l'enseignement primaire, la langue française dominera de plus en plus dans ces contrées sur la langue allemande, si même elle ne parvient à faire bannir entièrement de l'enseignement l'usage de cette dernière. Dans la prévision d'un pareil cas, je me suis dit : «Le temps arrivera où la jeunesse de ces quatre départements parlera et comprendra la langue française mieux qu'elle ne parle et ne comprend l'idiôme du pays; mais toujours elle restera étrangère aux termes techniques de l'art viticole, en usage dans les départements dans lesquels le français est parlé exclusivement; et elle ne saura traduire dans cette langue la plupart des termes allemands adoptés pour ce même art dans la contrée qu'elle habite. »

Je crois donc qu'on me saura gré de cette résolution qui m'a coûté un double travail.

Dans un état aussi essentiellement viticole que la France, la généralisation d'un enseignement élémentaire de viticulture est devenue, je crois, aussi nécessaire pour les localités viticoles que celui des éléments de l'agriculture proprement dite pour les contrées agricoles, d'autant plus que la viticulture se trouve de nos jours généralement entre les mains de la moyenne propriété, de celle peu aisée, peu instruite et par conséquent routinière, laquelle vise ordinairement à la quantité du produit plutôt qu'à sa bonne qualité, ce qui nuit à la réputation de nos vignobles et nous fait perdre nos débouchés à l'extérieur.

Cette généralisation de l'enseignement des premières notions de l'industrie viticole dans nos écoles primaires est encore nécessitée par la rareté toujours croissante de bons ouvriers vignerons, rareté provenant de ce que la jeunesse de nos campagnes, aujourd'hui honteuse de porter la hotte et de manier la houe et la pioche, fuit le travail tant soit peu pénible que présentent certaines opérations de la viticulture, se fait soldat ou va chercher, soit en ville, soit dans l'état de domesticité, soit comme ouvrier dans une fabrique ou ailleurs enfin, une occupation moins pénible en apparence.

Puisse mon petit ouvrage servir à donner à cette jeunesse une heureuse impulsion pour la pratique de la profession de ses pères, qui, lorsqu'elle est conduite avec soin et intelligence, ne manque pas de présenter encore d'assez beaux bénéfices.

PREMIÈRES NOTIONS

DE

VITICULTURE ET D'ŒNOLOGIE.

PREMIÈRE PARTIE.

NOTIONS PRÉLIMINAIRES.

CHAPITRE Ier.

§ 1. Objet et but de la viticulture.

L'objet de la viticulture (culture de la vigne) est la multiplication ou la reproduction par propagation (1) de la vigne. Celle-ci est une plante d'espèce ligneuse et sarmenteuse, à fleurs formant une petite rosace, disposées en grappes, et se convertissant en grains ou baies, dont l'ensemble forme ce qu'on appelle un *raisin*.

Le but de la viticulture est d'obtenir de la vigne un certain produit en raisins, propres à donner, au moyen de la fermentation de leur jus, une boisson saine, agréable et fortifiante, appelée *Vin*, dont l'usage, selon l'Écriture sainte, remonte jusqu'aux temps du patriarche Noë. Quelquefois on convertit une partie du vin, au moyen de la distillation, en

---

(1) On appelle reproduction par propagation celle opérée par des boutures, etc. ; reproduction par génération celle qui s'opère par les graines ou semences de la plante qu'on veut reproduire ou multiplier.

ce qu'on nomme improprement *eau-de-vie*. En délivrant celle-ci, au moyen d'une distillation réitérée, de ses parties aqueuses, on obtient ce qui s'appelle *esprit de vin* ou *alcool*.

Dans certains lieux la vigne est spontanée, c'est-à-dire qu'elle y existe à l'état sauvage, se reproduisant par sa semence ; mais comme, dans cet état, elle ne produit que des raisins médiocres, en petit nombre et d'un goût acerbe ou acide, on l'a soumise à une culture réglée et raisonnée, au moyen de laquelle on obtient des raisins plus nombreux, mieux fournis, plus doux, plus savoureux et d'une maturité plus précoce.

§. 2. Origine et propagation de la viticulture.

On croit que c'est en Asie que la vigne a été soumise d'abord à la culture. De là cette culture se propagea dans la Grèce, de la Grèce en Sicile, de Sicile en Italie. Au temps de la domination des Romains, ceux-ci la transplantèrent sur les côtes du nord de l'Afrique, dans les îles Baléares, en Espagne, dans la partie méridionale de la Gaule (la France d'aujourd'hui), où elle fut ensuite disséminée successivement sur tous les points de ce beau pays, reconnus propices à cette culture, depuis les Bouches du Rhône, partie méridionale, jusque sur les rives du Rhin et de la Moselle, sa partie septentrionale ; puis sur celles du Mein, du Néckar, de l'Ems et dans d'autres contrées de l'Allemagne méridionale.

§ 3. Importance de la viticulture actuelle dans les régions précitées.

La viticulture, quoique moins prospère de nos jours, par suite de nouvelles habitudes prises par les générations de notre siècle, qu'elle ne l'était pendant le siècle dernier, forme néanmoins encore, après celle des céréales, la branche la plus étendue et peut-être la plus productive de l'agriculture dans un bon nombre de départements de la France, de même que dans les contrées riveraines du Rhin, à gauche de ce fleuve, depuis les confins de la basse Alsace, à sa droite depuis Bâle jusqu'à Coblence.

§ 4. Explication de certaines dénominations concernant la viticulture.

1° Le *vignoble*. On entend par les dénominations *vignoble*, *pays* ou *contrée vignoble* ou *viticole*, une contrée ou localité où l'on s'adonne particulièrement à la culture de la vigne et à la préparation de ses produits.

On désigne sous les dénominations *viticulteur*, *cultivateur-vigneron*, celui qui cultive la vigne de ses propres mains et pour son compte; sous celle d'*ouvrier* ou *journalier-vigneron*, celui qui cultive la vigne pour le compte d'un autre. Un simple *propriétaire de vigne* ou *propriétaire viticole* enfin, est celui qui fait cultiver ses vignes, soit à la journée ou à tant par année, ou pour la moitié des fruits, comme cela est d'usage dans quelques contrées de la France.

On nomme *cep* ou *pied de vigne* un plant de vigne adulte pris isolément.

Une *pièce de vigne* est une certaine surface plantée d'un certain nombre de pieds de vigne placés à une certaine distance les uns des autres, ordinairement en lignes parallèles ou en quinconces, dans le sens de la longueur, rarement dans celui de la largeur de la pièce.

On nomme *clos de vigne* une ou plusieurs pièces de vignes contigües, entourées de murailles ou enclosées de toute autre manière.

§ 5. Le cep ou pied de vigne, ses différentes parties avec leurs dénominations diverses.

Nous avons premièrement à considérer, planche 1re, fig. 1.

Les parties du cep cachées sous terre.

Le tronc des racines, qu'on nomme la *souche* (a).

Cette souche constituait le jeune plant mis en terre lors de la plantation de la vigne.

Sa partie supérieure (b) se nomme la *tête* ou le *col*, sa partie inférieure (c) le *pied de la souche*.

Du pied de la souche sortent de grosses racines dites *racines du pied de la souche* (d).

De ces grosses racines partent d'autres racines plus déliées dites *radicelles* (r), lesquelles se subdivisent en petits rameaux, devenant de plus en plus grêles vers leur extrémité : ce sont les *racines capillaires* ou *chevelues* , qui aspirent les sucs de la terre.

Des nœuds de la souche au-dessus des grosses racines, sortent des racines moins grosses nommées *racines latérales* (f).

Les radicelles qui prennent naissance immédiatement au-dessous de la tête ou du col de la souche et occupent la couche supérieure du sol (g), et que beaucoup de vignerons croient devoir supprimer chaque année, sont appelées *racines superficielles* (en allemand *Thauwurzeln*).

I. Hors de terre ou au-dessus du sol on voit (planche. 1re , fig. 2.) :

Les *tiges* (a) (vieux bois), qui portent toutes les parties du cep hors de terre. Elles forment le tronc du cep proprement dit, au haut duquel naissent les *aisselles* et les *mères-branches* (fig. 1, i, i.)

NB. Il y a des modes d'éducation ou de culture de la vigne, où le cep n'a pas de tronc ou de tige; les sarmens à fruit sont placés immédiatement audessus du sol. La *vigne naine* nous en présentera un exemple.

Le *rejeton de la souche*, c'est le jet ou jeune bois sortant, comme les tiges, immédiatement de la tête de souche à côté des tiges (fig. 2, b), et qui, de temps à autre, sert à remplacer une tige rompue ou venant à manquer, soit à faire un *provins*.

Le *courson de réserve*. On nomme ainsi tout jet, sorti d'un des nœuds le long de la tige et qui a été taillé à 2 ou 3 yeux. (fig. 1, c.)

II. Au haut des tiges se trouvent placés :

1° Les sarments à fruits dits *verges, viettes* (fig. 2, c.)

Sur certains ceps adultes les sarments naissent des aisselles ou mères-branches. (fig. 1 , k.)

2° L'*arceau* (fig. 2, d), sarment à fruit qu'on a laissé sur le cep, lors de la taille et qui a été plié en arc, demi-cercle ou en forme d'anse à pot.

On donne aussi le nom de *ployon*, *aste* et *courgé* au sarment destiné à être courbé en arceau.

3° Le sarment ou le rejeton taillé à deux ou trois yeux (fig. 1 et 2, e, e), qui se nomme *courson*, *brochette*, en Tourraine, *poussier*.

4° Le *pampre* de la vigne. C'est un sarment garni de ses feuilles et de ses fruits. (fig. 5, a , a, a.)

III. Des nœuds placés de distance en distance au sarment (fig. 2), naissent :

1° Les *yeux* ou *boutons* de la vigne. (f, f, f.)

2° De ces yeux poussent au printemps les *bourgeons* (g), qui, plus tard, forment le sarment ou le bois de la vigne. (fig. 3, a, a, a.)

3° Sur le sarment vert on remarque la *feuille de la vigne* (b, b, b.). La forme de la feuille varie ordinairement du rond au triangulaire; elle est dentée à son pourtour, entière ou presque entière; d'autres sont plus ou moins incisées, échancrées et lobées, avec des nervures ou veines p'us ou moins apparentes ; tantôt nues ou glabres en-dessus et cotonneuses ou lanugineuses, avec ou sans poils en-dessous, quelquefois cotonneuses sur les deux faces ; avec *pétiole* (a) plus ou moins long, qui lui sert d'attache au sarment. (pl. 2, fig. 1 et 2.)

4° De l'angle que forme la feuille avec le sarment, principalement vers l'extrémité de celui-ci, nait quelquefois une espèce de *faubourgeon ou bourgeon adventif.* (pl. 1, fig. 3, c.)

5° Immédiatement vis-à-vis de la feuille est placée d'abord la *grappe à fleurs.* Ces fleurs se convertissent en de nombreuses baies juteuses, disséminées sur la grappe et formant ce qu'on nomme le *raisin.* (fig. 3, d, d, d.)

Les différentes parties de la fleur sont représentées sur la planche 2. Ce sont : le *calice de la fleur* (fig. 3), cinq *étamines* avec leur *pistil* (4), les cinq *pétales* (5), l'*ombilic* ou le *stigmate* (6), enfin le *petit fruit* (7).

6°) Là où il n'y a pas de raisin vis-à-vis de la feuille, il est remplacé par la *vrille,* soit double ou simple, en forme de tire bouchon ou de crochet (pl. 1ʳᵉ, fig. 3, e), au moyen de laquelle la vigne se cramponne au premier appui à sa portée. Plusieurs cépages se distinguent par le nombre et la longueur de leurs vrilles.

Le fruit de la vigne ou le raisin consiste :

1° Dans la grappe garnie de ses grains ou baies, dite *grappe de raisin.* (pl. 3.)

La grappe dépouillée de ses grains, s'appelle la *rafle* ou la *rape du raisin.*

2° La rafle consiste dans le pedoncule de la grappe, lequel nait du sarment vert et se prolonge jusqu'à l'extrémité inférieure du raisin, en passant par son milieu.

3° De son pédoncule qui sert de tronc, en partent d'autres plus grêles et courts dits *pédicelles* (pl. 2, fig. 8, 9, 10), auxquels sont immédiatement attachés les grains du raisin.

4° On nomme raisin à grains serrés celui dont les grains sont très-rapprochés ou drus (pl. 3, fig. 1). Si les grains sont plus écartés, c'est un raisin à grains disséminés (fig. 2).

NB. Il y a des espèces de raisins dont les pédicelles auxquelles tiennent les grains, ne sont pas immédiatement attenants au pédoncule ou tronc commun, mais naissent de rameaux particuliers qui en sortent, c'est ce qui constitue un *raisin ailé* (pl. 3, fig. 3).

On nomme *grapillon* ou raisin partiel tout rameau partiel d'une grappe de raisin, de même que des petites grappes de forme globuleuse le plus souvent, dont le développement est resté imparfait ou incomplet.

V. Figure ou forme du raisin et de ses grains.

La figure ou forme du raisin est presque inaltérable, soit constante dans l'espèce, mais assez variée du reste. Dans le plus grand nombre des cépages il s'approche de la cylindrique (*raisin cylindrique*), c'est-à-dire, que le raisin est de grosseur à peu près égale dans toute sa longueur (pl. 3, fig. 1). Quelquefois il est *cylindrique ovale* ou moins gros vers la pointe que dans sa partie supérieure près du pédoncule. Une autre fois le raisin est cylindrique dans la partie supérieure et raminci vers la pointe, *raisin cylindro-conique*, etc.

Quant au volume et à la figure des grains du raisin, il y en a de gros, de moyens et de petits; ainsi, des raisins à gros grains, à grains moyens et à petits grains.

On appelle *verjus* les petits grains avortés qui ne murissent pas, mais restent toujours verts. Puis, il y a des raisins à grains ronds, globuleux ou sphériques (pl. 2, fig. 9), d'autres à grains oblongs (fig. 10), d'autres encore à grains ovoides ou olivoides (fig. 11), etc.

VI. *Composition du grain du raisin.*

Le grain du raisin est composé : 1° de la *pellicule* formant son enveloppe extérieure. La contexture de cette pellicule varie suivant les différentes espèces : dure et coriace dans les unes, elle est mince et se déchire facilement dans d'autres, lorsque le grain est mûr. Elle est aussi le siège de la matière qui donne au grain du raisin ses diverses nuances de couleur blanche, rouge-claire, pourpre ou noire. Il n'y a qu'une seule variété de raisin dont le jus est coloré en rouge pourpre. C'est encore la pellicule qui paraît renfermer la matière odorante (le bouquet ou l'arôme).

2° De la *chair ou pulpe*, formée de nombreuses cellules et de petits tuyaux qui s'entrelacent et constituent un tissu muqueux contenant le jus ou suc du raisin. Ce suc, d'abord acide, se convertit peu

à peu en une matière plus ou moins douce et su-
crée, suivant l'espèce et suivant la maturité plus
ou moins complète du raisin (¹).

Lorsque le jus abonde dans le grain du raisin,
on dit qu'il est *juteux*; dans le cas contraire, c'est
un *grain charnu* ou *pulpeux*. Les raisins à grains
charnus sont le plus souvent des *raisins de table*,
et les meilleurs à faire des raisins secs dits *raisins
de caisse* ou *de mer*.

3° Dans la chair du grain se trouvent placées
les graines dites *pépins* du raisin (pl. 2, fig. 12),
d'ordinaire au nombre de quatre, lorsque la grappe
a bien défleuri ; dans le cas contraire, il y a toujours deux ou trois de ces graines d'avortées.

Les germes de la vigne sont contenus dans ces
pépins. La planche 2, fig. 13, représente un de
ces pépins germés ou une plante de vigne nou-
vellement éclose.

VII. *Fonctions des racines et des feuilles de la
vigne.*

Les fonctions propres aux grosses racines de la
vigne, consistent principalement à assujettir le cep,
à le fixer au sol ; celles des autres racines sont

(¹) Les principes qui constituent le raisin mûr sont : le sucre,
l'acide tartarique sous forme de tartre, le gluten, l'albumine végétale, de l'eau et un arôme quelconque. Le raisin qui n'a pas
acquis toute sa maturité, contient en outre des acides malique
et citrique. Les quantités ou proportions de ces principes varient
suivant l'espèce de raisin. le degré de la maturité, l'influence du
sol, des engrais. etc

d'aspirer, par leurs extrémités capillaires ou chevelues, les sucs nourriciers qui se trouvent dans le
sol et qui forment une partie des aliments de la
plante. Ces sucs, formés d'une grande quantité
d'eau, tenant en dissolution des sels et des matières
organiques provenant des engrais répandus dans le
sol, après s'être introduits dans la plante par les
racines, prennent le nom de *sève.*

La sève qui circule dans le cep, lui fournit les
matériaux nécessaires au développement de toutes
ses parties : le bois, les feuilles, la fleur et les
fruits. C'est dans la feuille, que l'on compare aux
poumons des animaux, que la sève subit des modifications qui la rendent propre à cela.

Les feuilles de la vigne ont encore d'autres fonctions très-importantes.

1° Elles débarrassent le cep des sucs superflus ,
au moyen de la transpiration qui a lieu durant le
jour, par les pores de leur surface supérieure, tan-
dis que par ceux de leur surface inférieure, elles
aspirent pendant la nuit l'air, l'humidité et on ne
sait quoi encore, qui sont nécessaires à leur vie.

2° Elles couvrent et garantissent les fleurs avant
leur développement, et par leur croissance rapide,
elles facilitent et accélèrent celle des sarmens.

3° Elles couvrent le bourgeon pour l'année suivante.

4° Elles concourent à la maturité du raisin. Cela est si vrai que, lorsqu'un coup de soleil des-
sèche les feuilles et en dépouille le cep, le raisin
se fane et tout le cep languit pendant le reste de

l'année, si même il ne périt pas par cet accident. Si les bourgeons ou les feuilles naissantes sont détruites, que ce soit par la *gelée* ou par la *bêche*, espèce de petit charençon, le cep repousse bien des feuilles, mais ne porte pas de fruits dans l'année.

§ 6. Espèces de la vigne et de leurs variétés.

La vigne compte un nombre assez considérable de sortes ou d'espèces, dont chacune est composée de trois variétés primitives, fort sujettes à se modifier dans quelques-uns de leurs caractères, de manière à former des sous-variétés ou variétés secondaires et même tertiaires. On est convenu de donner le nom de *cépage* aux variétés réunies, appartenant à une même espèce.

Ces cépages diffèrent entre eux: par la force végétative, la durée et la fertilité du cep, l'époque de la maturation de son fruit, la quantité et la qualité de ses produits.

Ainsi, il y a des cépages d'un port plus vigoureux et de plus longue durée que les autres; les uns se distinguent par la quantité, d'autres par la bonne qualité des vins qu'ils donnent. Soumis à des influences égales, les uns mûrissent leur fruit plus tôt que les autres. Les premiers sont appelés *cépages hâtifs*, les derniers *cépages tardifs*.

Le jus du raisin, devenu mûr, est, dans certaines espèces, d'un goût sucré et un peu acre en même temps ou aromatique; ce sont d'ordinaire les raisins qui donnent les vins secs, forts et spiritueux, propres à être conservés, et avec lesquels on peut, dans les bonnes années, obtenir des vins semblables à une liqueur. Dans d'autres espèces de vigne, le goût du grain, lorsqu'on le mâche, est savoureux, doux-mielleux ou gommeux, ou enfin doux-aqueux ; ce sont les raisins qui donnent les vins doucereux, agréables à boire, mais faibles et sujets à devenir graisseux, et ne pouvant être conservés qu'un temps bien limité, à moins qu'on les mélange avec du vin provenu de raisins de la première espèce. Quelques-uns de ces cépages se distinguent parmi tous les autres par le goût suave (le bouquet) du vin qu'ils donnent, par sa finesse ou sa délicatesse, qualités qui plaisent tant aux bons gourmets, ou par sa couleur et sa spirituosité, etc., qualités recherchées par les marchands de vin.

Toutes ces propriétés des cépages cultivés, sont sujettes à subir des modifications plus ou moins sensibles par l'effet des influences climatériques, du sol, du site, de l'exposition, de la culture, etc.

Les trois variétés primitives de chaque espèce de vigne qui ont conservé, depuis leur existence, tous les caractères distinctifs propres à l'espèce, ne diffèrent entre elles que par la couleur du grain, un peu dans celle du sarment mûr, et se ressemblent sous tous les autres rapports.

Cette couleur du grain, d'un blanc différemment nuancé dans l'une des trois variétés, est d'un rouge plus ou moins clair dans la seconde et d'un rouge pourpre sous une apparence de noir dans la troisième. Cette couleur est voilée par une poussière d'un blanc gris ou bleuâtre, appelée *bruine*. Si les modifications que ces variétés primitives subissent souvent dans quelques-uns des caractères distinctifs de l'espèce, sont l'effet d'une dégénération du cep, elles constituent ce qu'on appelle *variété dégénérée*.

Les noms donnés aux cépages cultivés diffèrent pour la même variété, d'une contrée, souvent d'une localité viticole à l'autre. Ces noms ont été pris tantôt du lieu de la provenance du cépage, tantôt de quelque trait caractéristique très apparent et constant. Quelquefois on a donné à une variété de vigne le nom de celui qui en a été le propagateur.

Cette multiplicité de noms donnés à un même cépage (à une seule variété) a été cause qu'on les confond souvent les uns avec les autres, que leur nombre est de beaucoup exagéré, et que le vigneron qui veut se procurer d'autres lieux des variétés nouvelles pour la plantation de ses vignes, est souvent trompé sur celle qu'il désirait avoir.

Il importe donc pour le succès de la viticulture, que le viticulteur se familiarise avec les caractères qui distinguent les différents cépages cultivés dans sa contrée, et même de ceux d'autres contrées, et qu'il se procure une connaissance exacte de leurs propriétés agronomiques et de leur valeur économique (1).

---

(1) On entend par *propriétés agronomiques*, ce qui est propre à l'espèce de vigne ou au cépage, sous le rapport de ses forces végétatives, de sa durée, de sa fertilité et de l'époque à laquelle son raisin obtient sa maturité. Par *valeur économique* on entend la quantité et la qualité de vin que produit le cé-

CHAPITRE II.

PRINCIPALES CONDITIONS D'UNE VITICULTURE AVANTAGEUSE.

Pour obtenir de la viticulture un certain avantage, il faut une réunion de circonstances heureuses, dont une partie seulement est dans la dépendance de l'homme, les autres sont indépendantes de son action, et ne relèvent que du domaine de la nature.

Parmi ces dernières il faut compter le climat (1) et la température moyenne de l'année, conditions importantes pour la végétation de la vigne et la maturité de son fruit (le raisin).

Les circonstances qui dépendent de l'homme, consistent dans un bon choix du terrain et dans sa bonne préparation ; dans un choix raisonné du cépage, du site et de l'exposition ; dans le mode de propagation, de plantation et d'éducation ; dans les labours et les travaux d'entretien de la vigne; enfin dans les procédés de vinification et la manière de conserver le vin.

Quant au climat sous lequel la vigne prospère le mieux et donne les produits les plus estimés, c'est celui des zônes tempérées, depuis le 45e jusqu'au 50e degré de latitude septentrionale. La vigne, originaire de contrées chaudes, a besoin, il est vrai, pour sa bonne végétation et la maturation de son fruit, d'une

---

page dans son état normal, ou ordinairement ; et le profit ou l'avantage et le desavantage de sa culture.

(1) Le *climat*. Par ce mot on entend l'état atmosphérique ou la température d'une contrée, sous le rapport du chaud et du froid, de l'humidité et de la sécheresse qui y règnent d'ordinaire dans les différentes saisons.

chaleur soutenue à un certain degré, accompagnée d'une certaine dose d'humidité; mais il ne faut pas que la chaleur soit extrême.

Les vins que produisent les contrées de la zône tempérée sont en général légers, délicats, pétillants, et souvent doués d'un bouquet agréable ; mais ils ont moins de corps et de spirituosité que les vins des pays méridionaux. Ces derniers produisent bien quelques vins exquis, mais ce sont d'ordinaire des vins de liqueur, propres seulement à être servis comme vins de dessert, lorsqu'ils sont secs et aromatiques.

Quant à la température de l'année, si depuis le mois de mai jusqu'à la fin de septembre il fait une chaleur sèche plutôt qu'humide, elle sera partout et toujours une condition essentielle pour la quantité et plus encore pour la qualité des produits.

§ 1. Du choix du terrain et de la constitution du sol propre à la vigne.

La vigne s'accommode assez de toute espèce de terrain, de celui même qui n'est que peu ou point propre à d'autres cultures. Ce terrain cependant ne doit être ni trop tenace, froid et humide, ni trop léger et brûlant (trop chaud). L'expérience semble constater que les meilleurs terrains sont ceux composés en grande partie de débris de roches, entremêlés d'une suffisante proportion de terre végétale (*humus*); puis les sols profonds, perméables, meubles, qui permettent aux racines de s'étendre convenablement pour y puiser leur nourriture. Les terres riches et profondes, pouvant être utilisées d'une manière plus avantageuse à la production des blés ou céréales et des récoltes sarclées, ne devraient jamais être employées à porter la vigne.

Il y a, parmi les terrains propres à une plantation de vigne, quelques-uns qui, par la nature de leur composition, influent favorablement sur la *qualité* des produits : ce sont, pour la plupart, des terrains pierreux, caillouteux ou mêlés de débris de roches sousjacentes. Il n'y a guère de vignoble qui ne présente de ces sortes de terrains qu'on ne saurait créer.

§ 2. Des sites et expositions les plus convenables pour la vigne.

Comme certaines situations et expositions peuvent contribuer à l'avancement de la maturité du raisin, il importe de les bien choisir.

Le site peut présenter l'avantage d'une réverbération de chaleur sur le cep ; l'exposition peut avoir pour utilité de faire jouir la vigne plus longtemps des rayons du soleil. Ces conditions sont importantes dans les contrées qui ne sont pas naturellement assez chaudes pour permettre au raisin de mûrir tous les ans.

La meilleure situation pour la vigne, principalement pour la vigne un peu tardive, et lorsqu'on désire en obtenir des vins d'une qualité recherchée, est sur la pente inclinée d'une colline ou d'une montagne à mi-côte, s'il est possible ; car au sommet de la montagne le vent tourmente trop le cep ; la peau du grain se durcit et le raisin mûrit tard ; puis au pied, si le côteau descend dans un vallon humide, le cep en souffre, le raisin devient trop aqueux et sujet à pourrir. Sur les pentes trop rapides, la terre s'éboule pendant les labours, les pluies la ravinent et l'entraînent : on remédie à cet inconvénient en établissant des terrasses soutenues par des murs. (Voy. pl. 17, fig. 1.)

La vigne réussit encore en plaine; mais il est rare qu'elle y produise des vins de qualité supérieure avec des cépages tardifs. Les cépages hâtifs y vont plutôt; mais comme ceux-ci sont généralement plus sensibles au froid, les plaines qu'on veut planter de vignes doivent jouir d'un abri contre les vents rudes du Nord et avoir un terrain sec et caillouteux, autrement le cep y est exposé à bien des accidents.

Quant à l'exposition de la vigne (qu'il faut distinguer du site, puisqu'elle ne signifie autre chose que l'inclinaison du sol vers tel point de l'horizon), on préfère, dans beaucoup de cas, et surtout dans les contrées septentrionales, celle du midi, du sud-est et de l'est (lever du soleil), pour que le cep de la vigne puisse jouir le plus longtemps possible des rayons échauffants du soleil, propres à hâter la maturité du raisin. Ce n'est pas dire que l'exposition au couchant et celle au nord ne puissent convenir dans certains cas, surtout si la vigne jouit d'un abri qui adoucisse le choc des vents impétueux, et lorsque les cépages cultivés sont des variétés hâtives ou précoces.

L'exposition au midi et celle au levant, quoique regardées comme les meilleures, ont cependant aussi leurs inconvénients; celle au midi expose quelquefois le cep à souffrir ou à périr même, par défaut de l'humidité nécessaire, et celle au levant l'expose à l'effet pernicieux des gelées du printemps et de l'automne.

Ainsi les règles concernant le choix de l'exposition pour la vigne admettent de nombreuses exceptions, et ne peuvent par conséquent être appliquées invariablement. Une situation favorable à la vigne devra souvent être regardée comme préférable à la meilleure exposition.

§ 3. Choix des cépages pour l'établissement ou le renouvellement d'une pièce de vigne; son importance.

Si l'on considère les différences sous tous les rapports qui existent entre les cépages cultivés, on conçoit facilement combien il importe d'en faire un choix intelligent pour établir un nouveau complant; une grande partie de l'entreprise dépend de ce choix : en s'y trompant, le propriétaire vigneron s'attire un dommage qui ne peut être réparé qu'à la longue.

La culture des cépages à raisins plus charnus que juteux, d'une maturité ordinairement tardive, ne convient qu'aux régions viticoles du midi de la France et aux situations et expositions le mieux avantagées. Celle des cépages à raisin juteux, d'une maturité moins tardive, peut être admise avec avantage dans les contrées viticoles du centre et du nord, jusque sous le 49ᵉ degré de latitude compris, aux sites et dans les expositions propres à hâter la maturation du raisin. La culture des cépages réputés hâ-

tifs ou précoces, doit être adoptée, dans ces dernières régions, pour les sites et les expositions où
le raisin ne mûrit facilement que dans les bonnes
années.

Outre ces considérations, il y en a encore d'autres qui doivent guider le propriétaire vigneron dans
le choix des cépages à cultiver pour la vinification.

Il y a, par exemple, des localités où l'on ne cultive, pour ainsi dire, que des variétés à raisins
rouges ou noirs, parce que les vins rouges y sont
les plus recherchés par les consommateurs ou les
marchands. Dans d'autres localités on ne cultive
généralement que des variétés à raisins blancs, parce
que les vins blancs y trouvent le plus de débit. Le
propriétaire est donc, en quelque sorte, forcé à
se décider en faveur des cépages qui donnent les
vins les plus recherchés dans la contrée. Il serait
rationnel pourtant qu'il portât son choix sur les
variétés réputées pour donner les meilleurs vins ;
mais comme ce sont presque toujours les moins
fertiles, et que le vin qui en provient a presque
toujours besoin d'être conservé, pendant un certain
temps, avant de pouvoir être vendu avec profit, il
n'y a que le propriétaire aisé qui puisse cultiver en
grand ces variétés avec un certain avantage ; le petit propriétaire est forcé de se tenir à la culture
de celles qui rendent le plus et produisent des vins
bientôt potables et pouvant être vendus dans l'année
qui suit leur récolte. Le vigneron, en un mot, doit
se régler, dans le choix des cépages, d'après les sites,
les expositions et la nature des terrains dont il dispose.

CHAPITRE III.

REPRODUCTION ET MULTIPLICATION DE LA VIGNE; DIFFÉRENTS MODES D'OPÉRATION.

Il y a plusieurs manières d'opérer la reproduction et la multiplication de la vigne.

La première est la reproduction par génération, c'est-à-dire par *semis*. La deuxième est celle par propagation, c'est-à-dire au moyen de la plantation de *boutures, crossettes, chapons* ou de *plants à racines* dites *chevelues* ou *chevelées;* la troisième par le *provignage* et la quatrième par la *greffe*.

La reproduction par semis n'est pas en usage, parce qu'elle est trop tardive à produire (à donner des fruits); puis la vigne venue de semence est de nature sauvage ; son fruit est âpre et ne mûrit pas facilement; on ne peut en tirer parti qu'après y avoir greffé une variété cultivée. Donc c'est à la reproduction par propagation que l'on a généralement recours, pour établir une jeune vigne, comme aussi pour en régénérer une vieille, pour remplir une place vide dans la vigne et pour remplacer des ceps dépéris ou de médiocre qualité.

La Bouture. C'est un sarment de la dernière pousse, que l'on détache du cep lors de la taille, auquel on laisse une longueur exigée, et que l'on plante purement et simplement dans un terrain disposé à cet effet. Parfois aussi on pique la bouture de suite à la place qui lui est destinée dans la vigne, soit pour former un cep, soit pour y être provignée. (Pl. 4, fig. 1.)

Crossette ou *chapon.* Lorsqu'un fragment ou chi-

cot du bois de deux ans est resté attaché à la bouture enlevée, on l'appelle préférablement *Crossette*
ou *Chapon*. (Pl. 4, fig. 2.)

Plant à racines ou *chevelé*. C'est la bouture qu'on
avait couchée en terre, où elle est restée un
ou deux ans en pépinière et y a poussé un certain
nombre de racines. (Pl. 4, fig. 3.)

Provins. Le provins est un jeune plant de deux à
trois ans d'âge (Pl. 11, fig. 4) ou un jet sorti du pied
de la souche, ou enfin un cep entier jeune ou vieux,
qu'on provigne pour en obtenir plusieurs ceps ou
pour en remplacer d'autres qui ont péri, regarnir
des places vides, etc.

La *greffe* sert quelquefois à remplacer un cépage
peu avantageux par un cépage meilleur ; on greffe
ou implante ce dernier sur le cep du premier. Par
ce moyen on arrive plus vîte à des produits que par
la plantation de boutures, crossettes, etc.

Dans le chapitre suivant on s'étendra davantage sur
cette opération, de même que sur le provignage.

§ 1. Plantation de la vigne ; différentes manières d'y procéder.

L'avenir d'une vigne, c'est-à-dire , sa durée et sa
fertilité dépendent beaucoup de sa plantation ; celle-
ci doit être exécutée avec soin , intelligence et sans
parcimonie ; car une vigne mal plantée et mal soignée
dans son jeune âge , reste chétive et ne rapporte souvent pas de quoi couvrir les frais de son entretien.

La plantation s'exécute de différentes manières.

Dans l'intérieur de la France elle se fait souvent à la *barre* (Pl. 4, fig. 4) ou à la *Taravelle* (Pl. 4, fig. 5), instruments avec lesquels on fait des trous à la distance exigée pour le placement des ceps, et dans lesquels on introduit alors une bouture ou une crossette.

Ce mode de plantation exige, pour sa réussite, que le terrain sur lequel on opère ait été ouvert et retourné à une certaine profondeur.

Pour la plantation des chevelés on préfère des fossettes à peu près carrées, appelées *augets*. Ce mode mérite la préférence pour les terrains fortement inclinés. Pour les terrains peu inclinés et dans la plaine, on se sert de la plantation par tranchées. A cet effet on ouvre, dans le sens de la longueur de la pièce de vigne, en lignes parallèles, à distance égale, des tranchées ou fossés, dans lesquels on place le jeune plant.

Il est utile, nécessaire même, pour la réussite de la jeune vigne, que le terrain sur lequel on veut la placer ait été mis en culture pendant l'espace de deux années. Si cela n'a pu se faire, il faut apporter de la terre neuve ou du bon terreau pour en remplir les fossettes ou les tranchées dans lesquelles on plante les chevelés, et qu'on recouvre de cette même terre.

On plante *à demeure*, c'est-à-dire que le jeune plant mis en terre forme un seul cep qui ne change pas de place. Souvent aussi le jeune plant, après avoir végété et grandi pendant trois ans, est enterré à droite et à gauche pour y former plusieurs ceps. (Pl. 4, fig. 6.)

On nomme *tranchée simple* celle dans laquelle on ne place les jeunes plants de vigne qu'un à un, l'un derrière l'autre au milieu de la tranchée. (Pl. 4, fig. 6 - 8.)

La *tranchée double* est celle qui, ayant une largeur double des premières, et occupant tout l'espace entre deux lignes des futurs ceps, reçoit un plant de chaque côté, tout près des bords de la tranchée. (Pl. 4, fig. 7 et 9.)

La plantation en tranchées que l'on tire au milieu entre deux lignes des futurs ceps, et au milieu desquelles sont placés les jeunes plants, l'un à la suite de l'autre, se nomme *Plantation entre lignes*. (Pl. 4, fig. 10.)

Le mode de plantation le moins rationnel est celui ou, après avoir arraché une partie seulement des vieux ceps, on ouvre des tranchées doubles et simples à la place des ceps arrachés, et on plante des chevelés que l'on provigne après deux à trois ans d'âge, à la place des autres vieux ceps arrachés peu avant d'opérer le provignage. (Pl. 4, fig. 11). Cela se voit dans quelques cantons viticoles du Bas-Rhin.

Depuis quelques années on prône un nouveau mode de plantation de la vigne qu'un propriétaire vigneron du Haut-Rhin dit avoir essayé avec succès, et qui consiste à planter des boutures ou des chevelés dans des fosses carrées semblables à celle qu'on pratique pour la plantation des arbres à fruits.

La planche 5 représente les différents instruments qui servent d'ordinaire à défoncer le sol, à ouvrir les tranchées, creuser les fossettes, etc.; ce sont :

1° la *houe à défoncer* (fig. 1) ;

2° la *houe à creuser* (fig. 2) ;

3° la *pioche bidentée* (fig. 3) ;

4° le *pic* (fig. 4) ;

5° la *pelle* et la *bêche* (fig. 5 et 6).

Les figures 7, 8 et 9 représentent des hottes servant à porter de la terre et du fumier.

§ 2. Modes d'éducation ou de culture de la vigne.

L'élévation ou la hauteur et la forme que l'on donne au cep de la vigne, la manière dont on dirige ses branches-mères, s'il en porte ; le nombre et la longueur des sarments et le nombre des coursons ou brochettes qu'on lui laisse lors de la taille ; la distance, enfin, à laquelle on plante les ceps les uns des autres, constituent ce que l'on appelle le mode d'éducation ou de culture de la vigne.

Ces modes sont nombreux et divers ; chaque région, chaque localité viticole parfois a le sien qu'elle vante comme étant le meilleur et même le seul praticable pour la localité et les cépages qu'on y cultive.

On peut, du reste, les rapporter, quant à l'élévation de la tige du cep, à trois modes principaux ; savoir : 1° celui à haute tige (*cep hautain*) ; 2° celui à tige d'élévation moyenne (*vigne moyenne*) ; et

2*

(52 b)

3° celui à basse tige (*vigne basse*). On peut y ajouter le mode de la *vigne naine* qui n'admet pas de tiges proprement dites.

On peut regarder, comme vigne haute, toutes celles dont la tige surpasse un mètre d'élévation ; comme vigne moyenne, celle dont la tige mesure depuis 65 centimètres à un mètre, et comme vigne basse, celle dont la tige n'a que 15—30 à 45 centimètres de haut.

Sous le rapport de la forme qu'on donne au cep, on distingue :

Le *berceau haut* (pl. 6, fig. 1) ;

la *treille haute* et *perpendiculaire* (ibid. fig. 2 et pl. 7, fig. 2) ;

la *treille basse* et *horizontale, berceau bas* ou la *chambrette* (pl. 8, fig. 4) ;

la *pyramide* (pl. 7, fig. 3) ;

la vigne à *cadre double* (pl. 7, fig. 1) ;

à *cadre simple*, à *pallisses*, en *joualles* ou *jovales* (pl. 9, fig. 5 et 6, et pl. 10, fig. 1 et 2) ;

à *contre-espalier* (pl. 9, fig. 3 et 4, pl. 10, fig. 3, et pl. 11, fig. 7) ;

à *échalas isolé* (pl. 8, fig. 1, 2 et 3, et pl. 11, fig. 1, 2, 3 et 4) ;

en *vigne naine* sans ou avec échalas, (pl. 12, fig. 1, 2, 3, 4, 5, 6 et 7, et pl. 13, fig. 1 et 2).

Enfin la figure 3 de la même planche 13 représente *la vigne en cordons*.

La distance à mettre entre les ceps varie, dans les différentes contrées viticoles, entre 80 centimètres à un mètre et un mètre 32 centimètres en tous sens. Quelquefois cette distance est plus grande entre les ceps d'une même ligne qu'entre les lignes. Il y a des contrées chaudes où les ceps, tant les hautains que ceux de la vigne basse, laissent jusqu'à trois mètres de distance entre eux.

Tous ces modes de culture de la vigne ont leur côté avantageux et leur côté désavantageux ; tous peuvent être bons, suivant les circonstances et en tant qu'ils ne contrarient pas la maturation des raisins, qu'ils ne nuisent pas trop à la durée du cep et à sa production, et que leur emploi ne soit pas trop dispendieux.

L'espèce de vigne haute représentée sur la planche 6, exige une terre fertile et un cépage d'une pousse vigoureuse. Ce mode n'est pas favorable à la maturation du raisin ; il ne peut être avantageux que pour les contrées chaudes, telles que l'Italie, l'Espagne et la France méridionale, et seulement dans les plaines fertiles de ces pays, où le même champ porte souvent des céréales (du blé), ou des légumineux, des arbres fruitiers ou autres, sur lesquels la vigne vient s'élever et s'y étaler en festons (pl. 6, fig. 1).

La vigne en pyramide et celle en treille perpendiculaire participent, en partie, de la vigne haute et en partie de la vigne moyenne (par leur base). La première ne trouve sa place que dans des jardins, au coin des carrés ; la seconde convient le mieux pour couvrir le mur d'un jardin ou la façade d'une maison.

La vigne basse et la vigne naine représentées sur les planche 9, fig. 1. et 2, planche 12, fig. 1, 2, 3, 4, 5, 6 et 7, et planche 13, fig. 1 et 2, sont, en général, plus favorables à la maturation du raisin, mais elles ont le grave inconvénient, la vigne naine en particulier, d'exposer le raisin à la pourriture à cause de sa proximité de la terre, et, pour cette même raison, à l'effet nuisible des gelées d'automne, et le bourgeon naissant à celui des gelées printanières, surtout lorsque la vigne est tournée à l'Est (au lever du soleil), qu'elle occupe une plaine humide et que le cépage, dont elle est composée, est d'espèce hâtive. En outre, le produit des vignes soumises à ces deux modes de culture, est bien plus faible en quantité que celui des ceps hautains et de la vigne moyenne ; et quoique assez répandus dans certaines contrées du midi, du centre et même du nord de la France, de même que sur les rives du Rhin inférieur, ils ne sont avantageux que pour des cépages d'un port faible, d'une pousse tardive et dont le raisin mûrit aussi un peu tard.

Le mode de la vigne moyenne bien entendu et modifié selon les circonstances, présente pour la plus

grande partie de nos contrées viticoles entre le 45e
et le 49e degré de latitude septentrionale, le moins
d'inconvénients et le plus d'avantages, principalement
lorsque la vigne jouit d'un site et d'une exposition
convenables, et que le sol lui est bien approprié.

Quel que soit du reste le mode d'éducation ou
de culture suivi dans une contrée, il devra nécessairement se modifier d'après la nature du cépage, du
terrain qu'il occupe, suivant que celui-ci est en
pente ou plan ; enfin suivant la différence de la température locale. On ne devrait jamais être trop ex-
clusif pour aucun mode.

Dans la plaine, le cep doit nécessairement avoir
une élévation suffisante pour le garantir de la fraî-
cheur humide du sol, ses bourgeons des gelées prin-
tannières et son fruit de la pourriture. Il doit être
assez éloigné de son voisin pour que le soleil puisse
échauffer la terre et que l'air puisse circuler libre-
ment autour de lui.

Lorsque la vigne se trouve placée sur une pente,
il est rationnel de donner aux ceps moins d'élévation, et de les rapprocher davantage à mesure qu'on
monte cette pente et que le terrain devient plus mai-
gre et moins profond, plus chaud et plus sec.

CHAPITRE IV.

SOINS ANNUELS A DONNER A LA VIGNE.

§ 1. La taille, son but.

Le premier travail qu'on exécute au printemps dans la vigne consiste, pour la plupart des localités viticoles des départements septentrionaux de la France, dans la taille. C'est ordinairement du milieu de Février jusqu'à la fin de Mars qu'elle a lieu. Dans quelques départements méridionaux elle s'exécute déjà, en partie, dès l'automne.

Tailler la vigne, c'est débarrasser le cep des sarments superflus, de ses brindilles inutiles qui l'épuiseraient bientôt, et de son bois mort. C'est par la taille de la vigne, dans son enfance, qu'on obtient d'abord la bonne conformation et la vigueur convenable du cep, le nombre de bras et de branches-mères nécessaires pour l'élévation et l'étendue qu'on se propose de lui donner; c'est par une taille annuelle bien conduite du cep adulte et portant fruits, qu'on le rajeunit, pour ainsi dire, en lui conservant sa vigueur par la concentration de la sève dans un petit nombre de sarments ou de coursons, qu'on juge les plus propres à produire de beaux raisins bien mûrs.

La taille de la vigne est donc une des opérations qui exige le plus d'habileté et de pratique, parce qu'elle doit se régler le plus souvent sur le mode d'éducation de la vigne, en usage dans la localité, puis sur l'espèce, l'âge et la vigueur du cep, et d'après plusieurs autres circonstances que le vigneron qui l'exécute doit savoir apprécier.

On taille des *sarments, verges, courgées* ou *ployons,* et en outre des *brochettes* et des *coursons* aux cépages d'une pousse vigoureuse ; on ne taille que des *brochettes* ou des *coursons* à ceux d'un port faible, et particulièrement aux cépages dont le raisin mûrit tard, *(Taille à long bois* et *taille à court bois).*

En principe, tous les cépages devront être taillés court, les trois ou quatre premières années de leur plantation ; lorsqu'on ne provigne pas, c'est sur un seul sarment que cette opération doit se faire dans cet intervalle. Cette taille est indispensable pour tous les cépages, soit pour bien former la souche, soit enfin pour obtenir des sarments vigoureux, propres au provignage.

§ 2. Instruments dont on se sert pour la taille.

Les instruments généralement adoptés ou en usage depuis un temps immémorial, pour la taille de la vigne consistent : en une *serpe* ou *serpette* (pl. 14, fig. 1), dont la forme est, à peu de chose près, la même dans tous les vignobles, et en une petite *scie* pl. 14, fig. 2 et 3), qui sert à couper le bois mort ou gangréné des tiges et des *branches-mères.*

Dans les temps modernes on a recommandé, pour remplacer la serpette, une espèce de ciseaux appelés *sécateur* (pl. 14, fig. 4 et 5) ; mais cet instrument, tout en rendant le travail plus expéditif, ne peut pas rendre le même service que la serpette ; dans la plupart des cas , et surtout pour certains modes d'éducation, cette dernière sera toujours préférable.

§ 3. Déchaussement des pieds de vigne.

Dans certains vignobles, la taille est précédée ou accompagnée du *déchaussement* du cep. Cette opération consiste à creuser et à enlever un peu de terre autour de chaque pied, au moyen d'une *houette* ou d'un autre instrument nommé *tranche* (pl. 15, fig. 12). Elle doit avoir pour but de faciliter la suppression des bourgeons ou des sarments partant d'un point de la souche qui se trouve en terre, et d'extirper les racines superficielles de cette souche.

§ 4. Échalassement ou Échalassage de la vigne. Redressement et Piquage des échalas.

Dans les contrées viticoles dans lesquelles le mode à échalas isolés est en usage, et où les échalas restent toute l'année auprès du cep, la taille de la vigne est suivie de l'opération qu'on nomme *échalassage* ou *échalassement*, *redressement* et *piquage* des échalas. Dans cette opération on redresse et affermit les échalas qui penchent de côté, on aiguise de nouveau leurs pointes émoussées ou pourries, avec une hachette à pointe courbe (pl. 14, fig. 6), et l'on remplace par de nouveaux échalas ceux qui sont devenus trop courts.

Pour ficher les échalas dans la terre, on se sert d'un hoyau (pl. 15, fig. 13) ou *serfouette*, que l'ouvrier élève au-dessus de la partie supérieure de l'échalas et frappe dessus à force de bras (pl. 14, fig. 7).

Dans d'autres contrées, les échalas (nommés *paisseaux* en Bourgogne) sont enlevés tous les ans après la vendange, entassés en piles pendant l'hiver et remis en place au printemps , mais seulement après le premier labour donné à la vigne.

Pour piquer ces échalas ou paisseaux en terre, le vigneron se sert, dans certaines localités, d'un instrument que représente la fig. 8 de la planche 14 , et qu'il s'attache au pied droit au moyen d'une courroie.

Les échalas de bois de châtaigner et d'acacia élevé en taillis, sont les plus durables; on les préfère pour la vigne à échalas isolés , et lorsqu'ils doivent rester toute l'année dans le sol. Pour ceux qu'on enlève chaque automne, ils peuvent être de bois de sapin ou de cœur de chêne.

Dans les vignobles où règne le mode des treilles basses , des chambrettes et des espaliers , des palisses ou jovales, on renouvelle les piquets dits *Carassons* et les lattes transversales détériorées ou manquantes.

§ 5. Fixation des tiges aux échalas. Cambrure, courbure ou pliage des sarments à fruit.

Après l'échalassement, on procède dans beaucoup de vignobles à la courbure ou au pliage des sarments ou verges à fruits ; mais là où les tiges ont une certaine élévation , et particulièrement lorsqu'on a adopté le mode à échalas isolés, on fixe d'abord ces tiges à l'échalas au moyen de brins d'osier. Dans certains vignobles ce n'est pas la tige, mais le sarment plié en arceau qu'on fixe à l'échalas.

§. 6. La Cambrure ou l'Arcure consiste à plier les sarments du haut en bas et en forme de demi-

cercle ou d'anse à pot, et à attacher leur extrémité, soit au cep, soit à l'échalas (pl. 11, fig. 2). Quelquefois, dans le mode de la vigne en *cordons*, par exemple, les sarments sont simplement tirés à droite et à gauche et couchés sur les lattes transversales auxquelles on les attache (pl. 13, fig. 3).

Le but de l'arcure ou du pliage des sarments à fruit est double pour le mode à échalas isolés. Le premier est de donner au cep une forme qui, laissant la circulation libre à l'entour, facilite les labours ou façons à donner à la terre, et d'empêcher en même temps que le cep en végétation n'ombrage trop le sol. Le second but, qui est commun aux autres modes d'éducation de la vigne avec courbure des sarments, est de ralentir la circulation de la sève vers l'extrémité du sarment, et de la forcer à pousser, à l'origine de l'arceau, les jets les plus vigoureux, devant fournir pour l'année suivante les sarments à fruits, destinés à être pliés en arceaux. Par ce moyen, on cherche à faire que le plus grand nombre des raisins se trouvent plus rapprochés du sol et profitent mieux de la chaleur qu'il réfléchit. C'est pour cette raison que la courbure doit toujours avoir une direction de haut en bas.

§ 7. Provignage.

Cette opération consiste à coucher dans des fosses établies à cet effet, et qui s'étendent jusqu'à la place que devra occuper un nouveau cep, soit un *provin* (jeune plant de 2 à 3 ans d'âge), soit une *sautelle* (rejeton de la souche), ou enfin un cep entier, jeune ou vieux, en laissant à nu, au-dessus du sol, un bout du jeune bois (pl. 14, fig. 9).

Le provignage s'exécute d'ordinaire entre la taille du cep et le premier labour à la terre ou le piochage, quelquefois aussi dès l'automne après la vendange, lorsque l'état du terrain et de l'atmosphère le permet. Par le provignage, on multiplie les ceps et remplit les vides dans une vigne. Il y a des vignobles, comme ceux de la Bourgogne, par exemple, où la vigne n'est presque jamais renouvelée par la plantation de boutures ou de chevelés ; on l'entretient continuellement en état de production au moyen du provignage annuel d'une partie des ceps adultes.

L'opération du provignage est l'une des plus difficiles de la viticulture : elle demande une grande attention, de l'intelligence et une main bien exercée à cette espèce de travail.

§ 8. Greffe.

Le moment du provignage est aussi celui pour entreprendre la greffe. Il y a plusieurs manières de greffer la vigne, comme de greffer les arbres ; la plus communément suivie est celle *en fente* sur la souche, à quelques centimètres sous terre.

En Bourgogne, on greffe la vigne sur le tronc, hors de terre, et l'on provigne de suite le cep ainsi greffé. Les ceps greffés sous terre doivent également être provignés à la seconde année, sous peine de les voir périr bientôt. L'opération ne doit être entreprise que sur des ceps encore jeunes ; elle exige, pour réussir, comme celle du provignage, une main exercée.

CHAPITRE V.

TRAVAUX A LA TERRE,

*ou Labours donnés au sol de la vigne, appelés vulgai-
rement* **FAÇONS.**

Il y a des contrées viticoles où le sol de la vigne
ne reçoit annuellement que deux ou tout au plus trois
labours; ceci a lieu dans plusieurs cantons du Haut-
et du Bas-Rhin. Dans d'autres contrées, la vigne reçoit jusqu'à quatre façons, du printemps à l'automne.

§ 1. Piochage

Le premier de ces labours, qu'on nomme *piochage* (piocher ou bêcher la vigne), lorsqu'il s'exécute à
bras, s'opère en ouvrant le sol à une certaine profondeur et en renversant la terre par mottes sens
dessus dessous. Il a pour but : 1° d'ouvrir le sol durci
par le piétinement des vendangeurs et des hotteurs,
et plus tard par celui du vigneron et de ses aides,
lors des travaux printanniers dans la vigne, de même
que par les pluies battantes de l'automne et de l'hiver;
2° de rendre la terre meuble et susceptible de pro-
fiter de l'influence bénigne du soleil et de l'humidité
fertilisante de l'atmosphère; 3° d'amener auprès des
racines de la souche la terre fertilisée par les engrais.

Ce premier labour doit donc ouvrir le sol jusqu'auprès des racines du cep ; il doit être plus profond que
les façons subséquentes données à la vigne pendant
le cours de l'été, plus profond dans les terres fortes
que dans les terres légères.

Dans la plupart des contrées viticoles, cette première façon donnée au sol de la vigne s'exécute au

moyen d'une *houe-bident*, c'est-à-dire, d'un pic à deux dents plus ou moins longues, et qui a reçu dans beaucoup de lieux le nom de *pioche*. Les fig. 1, 2, 3, 4, 5, 6 et 7 de la planche 15 représentent cet instrument plus ou moins modifié. Dans quelques vignobles c'est une houe triangulaire, nommée *meille* ou *mègle*, ayant un manche courbe, dont on se sert pour ce labour. (Voy. pl. 15, fig. 8.)

Dans plusieurs contrées du midi et du centre de la France, dans le Roussillon, par exemple, les labours qu'on donne à la vigne située dans la plaine, s'exécutent généralement à la charrue que l'on fait passer entre deux lignes de ceps, écartées pour le moins de 1 mètre 30 centimètres ; ce labour se complète par un coup de main donné à la terre autour des ceps, au moyen d'une houe. Ce mode de labour, quoique plus expéditif et moins coûteux que celui à bras, ne vaut cependant pas ce dernier quant à sa perfection, parce que la charrue dont on se sert n'est qu'une simple *araire*, une charrue sans avant-train, sans *coutre* ni *versoir*, et qui, par conséquent, ne fait qu'ouvrir la terre sans la retourner (pl. 15, fig. 9).

Le temps auquel le premier labour de la vigne a lieu, varie d'un vignoble à l'autre. Dans l'un il se pratique déjà au milieu du mois de Mars et avant l'échalassement ; dans d'autres, et c'est le cas pour la vigne à échalas isolés en Alsace, ce n'est qu'après le piquage des échalas, la fixation des tiges du cep contre l'échalas et la courbure des sarments à fruits. Dans le Haut-Rhin, le piochage a lieu vers le milieu d'Avril; dans le Bas-Rhin, ce n'est d'ordinaire que vers le huit du mois de Mai qu'il commence, lorsqu'on croit n'avoir plus rien à craindre de l'influence des gelées du printemps sur une terre fraîchement remuée.

Qu'on se garde d'entreprendre le piochage par un temps pluvieux, le cep en souffrirait.

§ 2. Binage.

À un mois, ou à peu près, du premier labour on en donne un second, que l'on nomme *Binage* (de biner), *réfuage* en Bourgogne (du mot refuer). Il a pour but de briser les mottes de terre qui se sont formées par le piochage, de ramener la terre au pied des ceps, d'applanir le terrain et de détruire les plantes parasites (mauvaises herbes). Si l'on donne un second binage, ce qu'en Bourgogne on nomme *tiercer*, ce n'est plus que dans l'intention d'entretenir le sol meuble et net de mauvaises herbes qui l'effriteraient trop. Ces binages ne doivent ouvrir la terre qu'à moitié de la profondeur donnée au premier labour; on se servira pour ce travail d'un pic à dents moins longues que pour le piochage, ou d'une houe simple (pl. 15. fig. 13). Si c'est avec la charrue qu'on l'exécute, on donnera moins d'entrure à cet instrument.

Dans quelques vignobles le binage se répète même une seconde fois; dans d'autres, le troisième binage est remplacé par un labour superficiel, ou espèce de léger *écobuage*; opération qu'on nomme *raclure*, de racler, parce qu'on ne fait qu'enlever superficiellement la terre herbeuse, au moyen d'une houe large (pl. 15, fig. 10 et 11) pour la laisser sécher. Quelquefois et dans quelques pays, cette opération n'a lieu qu'au printemps et précède alors le piochage de trois à quatre semaines. La répétition des binages devrait du reste se régler sur l'état du sol de la vigne, sur le temps qui règne pendant la saison, de même que sur le mode de culture adopté dans la contrée.

Il y a des vignerons praticiens qui désapprouvent les labeurs trop répétés dans la vigne pendant les chaleurs de l'été; ils les regardent comme nuisibles au cep et à son fruit (au raisin); d'autres, au contraire, les croient indispensables pour le bon entretien de la vigne. La vérité est au milieu des deux prétentions contraires.

§ 3. Ebourgeonnage ou ébourgeonnement. Son but.

Dans l'intervalle des divers travaux à la terre de la vigne, on entreprend ordinairement plusieurs autres opérations moins généralement suivies dans les différents vignobles. C'est d'abord l'ébourgeonnage. Cette opération consiste : 1° à supprimer, à un ou deux près, tous les bourgeons sortis sur le vieux bois, parce qu'il est rare que ces bourgeons viennent à fruits (portent du raisin); 2° à détacher ou éliober les jets superflus des coursons ou brochettes d'une jeune vigne et à retrancher ou à pincer les pousses secondaires ou bourgeons adventifs placés dans l'aisselle des feuilles du sarment.

Le but qu'on se propose par cette pratique est,

dit-on, de laisser aux sarments que l'on veut conserver, plus de nourriture, et de contribuer par
là à augmenter leur développement et obtenir leur
maturation.

Cette opération, à laquelle on peut procéder
dès le mois de Mai et durant le mois de Juin,
peut devenir plus ou moins utile et nuisible, suivant l'âge et le mode d'éducation de la vigne,
suivant la nature du terrain dans lequel elle vé-
gète. Elle ne convient guère aux cépages d'un port
faible et qui se trouvent placés dans une terre
médiocre.

§ 4. Accolage.

Après l'ébourgeonnage on procède d'ordinaire
au premier accolage des jeunes sarments qui ont
poussé avec quelque vigueur. L'accolage est l'opération par laquelle on attache les sarments à l'é-
chalas au moyen de quelques brins de paille, de
jonc, etc. aussitôt que leur longueur fait craindre
que la force des vents puisse les rompre ou les
détacher. Cette opération se répète chaque fois que
cela devient nécessaire.

§ 5 Rognure, rognerie, rognage. pinçage.

L'opération désignée sous ces différentes dénominations vulgaires consiste à couper avec une
serpette la pointe des sarments liés à l'échalas,
lorsque cette pointe surpasse de beaucoup celui-ci,
et que cela devient gênant ou trop ombrageant ;
puis, la pointe des sarments, placés sur l'arceau, en

exceptant ceux qui, l'année suivante, devront servir de pleyon et se trouvent près de l'insertion de cet arceau.

Le but qu'on se propose par cette rognure est de découvrir les grappes et d'avancer par là leur maturité, ce qui est fortement contesté; puis d'empêcher que la charge des sarments surpassant l'échalas ne donne pas aux vents la facilité de les renverser.

On croit la rognure nécessaire surtout pour la jeune vigne d'une pousse vigoureuse; mais l'expérience a prouvé qu'au contraire les raisins venus sur des sarments non rognés sont constamment plus gros et mieux nourris, et que la maturité sur les sarments rognés est ordinairement plus tardive, sans compter les autres désavantages que présente la rognure.

En Champagne et dans le département du Bas-Rhin on ne rogne ni n'ébourgeonne; dans celui du Haut-Rhin on ébourgeonne, mais pas généralement.

§ 6. Épamprement ou effeuillaison. Son but.

L'épamprement ou plutôt l'effeuillaison de la vigne consiste à dégager les grappes de raisins des feuilles ou pampres qui les ombragent trop et les dérobent à l'action du soleil et des rosées, alternative favorable à la maturation du fruit. Ainsi le but de cette opération est celui d'avancer la maturité du raisin ou de la compléter. Ce but peut être manqué et le contraire peut arriver, si l'effeuillaison ou l'épamprement était poussé trop loin et entrepris de trop bonne heure, avant que les grains du raisin ne fussent devenus juteux, ou lorsque les feuilles auraient souffert par la brûlure.

Il suffit le plus souvent d'enlever ou de détourner seulement un petit nombre de feuilles, peu de temps avant la vendange, ou de débarrasser le raisin de celles qui l'enveloppent parfois et en occasionnent la pourriture. En entreprenant l'épamprement de trop bonne heure ou en le poussant trop loin, on retarde plutôt qu'on n'avance la maturité du raisin, qui souvent devient comme grillé.

Il y a cependant un cépage que l'on cultive en Alsace (*le petit mielleux*, dit petit *Rœuschling* et *Kniberlé*, probablement le même que la *folle blanche* de l'intérieur de la France), qui non-seulement supporte un effeuillage plus étendu que les autres, sans que cela lui nuise, mais qui même en a besoin, comme seul moyen d'empêcher sa maturation subite, suivie d'ordinaire d'une prompte pourriture, lorsque le temps est pluvieux ou le sol fraîchement fumé.

CHAPITRE VI.

AMENDEMENTS ET ENGRAIS PROPRES A LA VIGNE.

§ 1. Amendements. Leur action.

Au chapitre : *Choix du sol pour la vigne,* on a indiqué les conditions générales de la constitution du sol, qui le rendent propre à la culture de la vigne. Si l'une ou l'autre de ces conditions manque à celui qu'on a été obligé de choisir pour cette culture, on peut y remédier en portant dans la vigne une terre de nature différente de celle qui la compose, et en l'y mêlant intimement.

C'est ce qu'on appelle *amender le sol*, parce qu'on le met par là dans les conditions exigées pour en faire un bon fond de vignes. Si donc le sol péchait par trop de ténacité, on la diminuerait et on lui donnerait plus de porosité, en y mêlant, dans des proportions données, soit de la marne sablonneuse, du sable siliceux ou granitique, soit une terre naturellement légère.

Les sarments de la vigne retranchés par la taille, coupés en petits fragments et enfouis dans la terre de la vigne, peuvent servir à la fois d'amendement et d'engrais pour ces sortes de terrain. L'enfouissement des plantes vertes, telles que les lupins, que dans le midi on sème à cet effet avant l'hiver ; celui des roseaux, des carex et d'autres plantes ligneuses, que l'on coupe en morceaux ; des feuilles d'arbres et de la vigne même constituent également un amendement-engrais d'un prompt effet, quoique peu durable. La

marne calcaire, la chaux, le platras qui en contient,
peuvent servir à amender les terres argileuses, froides
et humides, dites battantes, en leur communiquant
plus de chaleur et en les rendant plus sèches.

§ 2. Engrais animaux. Principalement le fumier d'étable. Leur action sur la vigne.

Si dans le midi de la France on peut se contenter
d'engrais végétaux (produit de la décomposition des
plantes seules), pour entretenir la vigne en vigueur
et en bon rapport, il n'en est pas de même dans les
contrées du centre et du nord; dans ces dernières
surtout, où la vigne, à défaut de chaleur climatérique
suffisante, exige d'être secourue par une chaleur ar-
tificielle et de recevoir une nourriture substantielle,
l'emploi de l'engrais animal devient une condition
indispensable pour le bon entretien de la vigne. Le
fumier de vaches convient particulièrement à la vigne
plantée dans un terrain léger, sec et chaud; on peut
y mêler celui des porcs. Pour les terres argileuses,
tenaces et froides, le fumier de cheval, celui des
moutons et autres de même espèce, en mélange avec
celui de la vache, doivent être préférés; ils peuvent
convenir à tout terrain intermédiaire, c'est-à-dire, à
celui qui n'est ni trop tenace et froid, ni trop léger
et chaud.

Tout fumier qu'on emploie pour la vigne doit
être mûr (les matières animales et végétales qui le
composent doivent être suffisamment décomposées);
pour la jeune vigne principalement il est bon qu'il
soit réduit en une espèce de terreau.

Les différents *compots* préparés avec les déjections animales, même avec le fumier des vidanges, en mélange avec des gazons écobués, de la vase de canaux et de rivières, de la boue des rues, des débris de toutes sortes de plantes herbacées, exposés à l'air pendant une année et que l'on peut souvent arroser de purin (de l'urine des animaux) ou avec des mares de fumier, constituent également un bon engrais, pour presque toutes sortes de terrains de la vigne. Ceux auxquels on mêle en outre du plâtre ou de la chaux, conviennent particulièrement aux terres froides plutôt qu'aux chaudes.

Quant à la quantité de fumier qu'on doit donner à la vigne, il est d'expérience, qu'à surface égale, une pièce de vignes exige une masse de fumier plus forte qu'un champ; de même, une vigne dont le sol est froid et tenace doit recevoir, en une fois, une plus forte fumure que celle à terrain léger et chaud. Ce dernier, parcontre, demande à être fumé plus souvent, tous les 3 à 4 ans, par exemple. Pour les terres froides, cela ne devient nécessaire que tous les cinq ou six ans. L'on doit aussi fumer plus fortement une vigne située en pente rapide, principalement vers le haut de la pente, que celle en pente douce; la fumure pour cette dernière doit être encore plus forte que celle pour une vigne située en plaine.

En général, il vaut mieux fumer plus souvent et moins fortement une vigne, que de lui donner trop d'engrais à la fois. Peu d'engrais ne fait que peu d'effet, beaucoup d'engrais donné en une fois peut devenir nuisible, en imprimant au cep une végétation trop luxuriante, ce qui empêche le bois de mûrir en temps utile, et ce bois est alors plus sensible aux froids de l'hiver. Il arrive aussi que les raisins d'une vigne trop fortement fumée mûrissent plus tard ; que leur goût est moins savoureux , qu'ils pourrissent plus facilement, et que le vin en provenant est sujet à tourner à la graisse.

Quant aux saisons dans lesquelles il convient le mieux de porter l'engrais dans la vigne, c'est l'automne, après la vendange et le printemps, avant les labours. On peut encore, lorsque le besoin s'en fait sentir, fumer la vigne dans l'intervalle qui s'écoule entre le premier et le second labour, parce que le fumier est de suite enfoui par ce second labour. En fumant la vigne plus tard, vers la vendange par exemple, on risque d'endommager les ceps en passant dans leurs rangées, surtout lorsque celles-ci ne sont pas bien distancées ; et si le fumier n'est pas convenablement mûr, le vin devient facilement filant et peut même prendre un goût désagréable.

CHAPITRE VII.

ACCIDENTS AUXQUELS LA VIGNE ÉST SUJETTE.

La vigne est sujette à des accidents variés , dont les principaux sont : la *gelée*, la *grêle*, la *brûlure*; puis une pluie ou une sécheresse prolongée, la *coulure*, enfin les dégâts causés par des insectes.

1. La *gelée* qui surprend le raisin non totalement mûr, le flétrit ; ce qui l'empêche de mûrir davantage.

Le *froid de l'hiver*, lorsqu'il devient très-intense, peut tuer les boutons ou yeux des sarments, ou même faire mourir le cep, en ne laissant vivantes que les racines. La vigne plantée dans la plaine et dans un terrain humide y est plus exposée que celle plantée sur une élévation. Les gelées du printemps qui sont plus fréquentes qu'en automne, nuisent à la vigne, soit en retardant son débourrement ou le développement de ses bourgeons, à leur sortie de l'enveloppe cotonneuse qui les couvre, soit en détruisant ces bourgeons, lorsqu'ils ont déjà acquis $2\frac{1}{3}$ à 3 centimètres ; ceux qui repoussent ne donnent plus de raisins. La vigne placée dans un bas-fond ou à l'exposition de l'Est est le plus exposée à cet accident.

2. La *grêle* peut endommager la vigne à différents degrés, suivant l'époque à laquelle elle a lieu et la force avec laquelle elle tombe. Elle détruit parfois ou endommage plus ou moins fortement la récolte pendante au cep, et ses effets destructeurs s'étendent d'ordinaire sur la récolte de l'année suivante,

à cause de l'endommagement du bois qui devait fournir les sarments à fruits.

3. La *brûlure* des feuilles, dite *rougeau*, est occasionnée par des coups de soleil ou par des rayons ardents de cet astre, qui dardent sur les feuilles au moment d'une pluie fine. Les feuilles absorbant alors trop vite les gouttelettes d'eau qui les couvrent, elles brûlent, pour ainsi dire, partiellement ou en entier, puis brunissent et se dessèchent. Dans ce dernier cas, il arrive que les raisins qu'elles couvraient se rident et ne mûrissent plus.

4. Une *pluie* ou une *sécheresse prolongée* peuvent aussi influer d'une manière nuisible sur le cep et son fruit. Une trop grande sécheresse est surtout nuisible pour la vigne plantée sur un plan très-incliné et dans une terre légère de peu de profondeur; car elle fait que les feuilles jaunissent et tombent même parfois. Si cela arrive vers l'époque de la vendange, la peau du raisin durcit et celui-ci n'atteint pas sa maturité complète, à moins qu'une bonne pluie ne vienne à temps rafraîchir la terre et lui donner l'humidité nécessaire.

5. La *coulure*. Une température froide et humide, peu avant et pendant la floraison, peut causer cet accident, qui consiste en ce que les fleurs tombent sans se nouer ou tourner en grains; alors les grappes n'ayant plus rien à nourrir, tombent aussi ou se convertissent en vrilles. Il y a des variétés de vignes, ou plutôt leurs dégénérées, plus sujettes à la coulure que d'autres. Des rayons ardents du soleil, qui frappent la grappe à fleurs, peuvent parfois aussi la brûler, en partie ou en totalité,

Il n'est pas au pouvoir de l'homme de combattre ces accidents avec quelque espoir de succès. Les moyens recommandés, pour diminuer l'influence destructive des gelées du mois de Mai, sur les jeunes bourgeons, sont rarement exécutables, en grand surtout.

Les Insectes. Plusieurs insectes ou leurs larves causent parfois de grands dégats dans la vigne, soit en attaquant les jeunes sarments ou les bourgeons naissants, soit en détruisant le fruit. Parmi les plus nuisibles il faut compter le ver de la vigne (la *pyrale*) et la *bêche.*

6. La *pyrale* est une petite chenille plutôt qu'un ver, qui paraît peu avant la floraison et se niche dans la grappe à fleurs, dont elle réunit les rosettes par des filets de soie, les flétrit et les détruit. Une nouvelle génération de cette chenille paraît au mois de Septembre; elle perce les grains, s'y loge et les gâte en leur faisant contracter la pourriture acide.

Des enfants de 10 à 12 ans, munis d'une aiguille à tricoter et d'une petite boîte, peuvent parcourir les vignes infectées de la pyrale pour la dénicher en la faisant tomber dans la boîte et la détruire ensuite. Au moyen de cette opération facile, on prévient une nouvelle génération de l'insecte au mois de Septembre. En râclant l'écorce du pied de la vigne, sous laquelle les nymphes de cet insecte passent l'hiver, l'on prévient l'apparition du papillon qui les engendre.

7. La *bêche* est une espèce de petit *scarabée* ou de *charançon* de couleur cuivre, vert doré ou bleu damassé; sa tête est allongée en forme de trompe dure avec laquelle elle perce et dépèce les jeunes bourgeons encore tendres et en suce la sève, ce qui les fait faner en même temps que les feuilles et les grappes à fleurs qui s'étaient déjà développées à un certain point. Elle roule ensuite ces feuilles fanées en forme d'un cigarre et y dépose ses œufs, au nombre de 2, 3 ou 4, chacun dans une circonvolution séparée du cigarre.

Le dégat que cause parfois cet insecte compromet non-seulement la récolte en vins de l'année, qui en diminue quelquefois les deux tiers, mais aussi celle de l'année suivante, à cause de la destruction des sarments qui devaient porter les bourgeons à fruit. Dans ce cas, comme pour le ver de la vigne, des enfants de 10 à 15 ans peuvent être employés à donner la chasse à ce petit insecte destructeur. On les munit, à cet effet, d'une bouteille contenant de l'eau et surmontée d'un entonnoir en fer-blanc, puis d'une petite baguette grosse comme une allumette ou d'une plume ébarbée. Avec cet attirail les enfants vont de bon matin dans la vigne, présentent leur bouteille successivement sous les parties des ceps sur lesquelles ils aperçoivent des bêches, touchent celles-ci avec leur baguette ou plume et les font tomber facilement dans la bouteille, dont ils remuent l'eau de temps à autre; ensuite on vide la bouteille et l'on écrase les insectes qui s'y trouvaient.

Plus tard, quand cet insecte a formé ses cornets, on les fait cueillir, sans perdre de temps; les enfants les mettent dans des tabliers, qu'ils déchargent ensuite dans un sac de toile; puis, de retour à la maison, on les brûle ou on les jette dans une fosse d'aisance, en ayant soin de les enfoncer dans la fange.

Cette seconde opération doit être entreprise avant que les cornets ou cigarres ne soient desséchés, car dans ce dernier état du cornet, le ver serait déjà sorti de l'œuf, aurait percé le cornet et se serait laissé tomber à terre pour s'y insinuer, y passer l'hiver, et reparaître au dehors le printemps suivant, transformé en *scarabée*. Cette opération, pour avoir du succès, doit être répétée de huit en huit jours, jusqu'au temps où la bêche cesse de rouler les feuilles de vigne.

8. L'*Escargot*. Un autre ennemi, moins dangereux pour la vigne que ne l'est la bêche, et à la chasse duquel on peut également se servir d'enfants. Les escargots, très-communs dans les terrains sablonneux, rongent les jeunes bourgeons ou les enduisent d'une matière glutineuse qui les empêche de se développer. On munit les enfants d'un pot de terre ou d'une boîte quelconque; ils vont de bon matin dans la vigne, et ramassent facilement, dans un court espace de temps, un grand nombre d'escargots, qu'ils écraseront ensuite sous les pieds sur un sol dur.

§ 9. **Maladies et altérations de la vigne.**

La vigne est sujette, dans certains terrains et en

certaines années, à plusieurs altérations qui la font languir et périr parfois. Une des principales est le *chancre*, espèce d'ulcère rongeant qui attaque le pied. Il est dû, à ce qu'il paraît, à l'attouchement d'un fumier frais non consommé, à une espèce de pléthore ou à l'extravasion d'une sève non encore élaborée, par suite d'une contusion. On l'arrête ordinairement en râclant avec le dos de la serpette ou en coupant jusqu'au vif la partie malade; sans quoi, le cep dépérit.

La *jaunisse* est une autre altération dont la cause directe n'est pas bien connue, ni facile à deviner, et contre laquelle la plupart des moyens recommandés jusqu'ici ont échoué.

SECONDE PARTIE.

DE LA VINIFICATION.

Par le mot vinification (confection ou fabrication du vin) on entend la conversion en vin du jus ou moût des raisins, au moyen de la fermentation.

CHAPITRE Ier.

PROCÉDÉS GÉNÉRAUX.

§ 1. Vendange. Soins préliminaires.

La première opération de la vinification ou fabrication du vin est la vendange (récolte ou cueillette des raisins) ; vendanger, c'est donc cueillir les raisins.

A l'approche de la cueillette des raisins, tout propriétaire-vigneron soigneux ne manquera pas de prendre ses mesures pour tenir prêts, en provision suffisante et dans l'état de propreté et de solidité nécessaires, tous les ustensiles devant servir à la cueillette du raisin, à leur transport à la halle du pressoir, à l'extraction de leur jus qui reçoit alors le nom de moût, à la fermentation de celui-ci, de même qu'à la conservation du vin nouveau qui en est résulté.

Il s'assurera le nombre de vendangeurs et de hotteurs suffisant pour terminer la vendange dans le plus court délai possible.

§ 2. Ouverture de la vendange.

L'ouverture de la vendange ne peut être fixée arbitrairement, ni à la même époque dans toute contrée viticole, ni pour chaque espèce de vigne. Celle des raisins précoces devrait toujours précéder de 8 à 10 jours celle des tardifs, lorsque les ceps des différents cépages se trouvent plantés dans les mêmes sites.

Plus le raisin est mûr, mieux cela vaut, pourvu qu'il ne soit pas passé, pourri ou desséché, parce que ce n'est qu'avec des raisins mûrs que l'on peut obtenir un vin potable, un bon vin. Malheureusement, il se présente souvent des circonstances (une gelée prématurée, une pluie prolongée), qui forcent de vendanger avant que le raisin n'ait obtenu sa parfaite maturité ; alors on fait de mauvais vin.

L'époque ordinaire de la cueillette des raisins, dans les vignobles du centre et des contrées Est et Nord de la France, est celle du milieu de Septembre au milieu d'Octobre, quelquefois à la fin de ce dernier mois.

Lorsque la vigne a défleuri avant la St-Jean (24 Juin), et que le temps a été chaud et entremêlé de quelques pluies pendant le mois d'Août et la première moitié de Septembre, la vendange peut avoir lieu de bonne heure ; mais lorsque la floraison n'a commencé que 8 à 15 jours après l'époque indiquée ou qu'elle a traîné en longueur, on a rarement l'espoir de cueillir des raisins bien mûrs, même en ne vendangeant que vers la fin d'Octobre.

La qualité (bonne, médiocre ou mauvaise) du vin dépend : 1° de l'espèce de raisin, parce que chaque cépage ne produit pas un vin d'égale bonté ; 2° de la maturité plus ou moins avancée ou parfaite du raisin au moment de sa cueillette ; 3° des soins que l'on donne à la vinification, c'est-à-dire, à la conversion du moût en vin et à la conservation du vin dans les vaisseaux vinaires,

§ 3. Cueillette des raisins et leur transport à la halle du pressoir.

Il ne faut pas cueillir le raisin par un temps pluvieux, à moins d'y être forcé par les circonstances ; car, outre qu'on obtient un vin faible, en proportion de la quantité d'eau qui se mêlera au moût, on nuit à la santé des vendangeurs, et ceux-ci, par leur piétinement, endommagent les ceps et durcissent le sol de la vigne.

Celui qui désire obtenir un vin de qualité supérieure de l'espèce de raisins qu'il récolte, doit trier ces raisins pendant leur cueillette, c'est-à-dire, n'en prendre que ce qui est mûr et rejeter ce qui ne l'est pas, ou en ôter les grains attaqués de la pourriture acide ou de la gangrène sèche.

§ 4. Instruments et ustensiles qui servent à la vendange.

Les instruments et les ustensiles dont on se sert pour la cueillette sont : 1° une petite serpette (pl. 16, fig. 1) ou des ciseaux (fig. 2), pour détacher les raisins dont le pédoncule ne se laisse pas rompre facilement avec le pouce et l'index de la main droite ; 2° des baquets ou des petits paniers (fig. 5) ; mieux vaut se servir des premiers, qu'on place sous le cep et dans lesquels on dépose les raisins à mesure qu'on les cueille, pour les verser ensuite dans des hottes en douves de sapin, qu'en Alsace on nomme *tendelins* (pl. 16, fig. 4) ou dans des cuvettes dites *tinettes* (fig. 5), rangées en ligne, comme cela se pratique dans le département du Haut-Rhin.

On transporte les raisins à la halle du pressoir tels qu'on les a cueillis ou après les avoir foulés. Si on les foule à la vigne, l'opération s'exécute dans les tendelins, à l'aide d'un des *foulons* représentés par les fig. 3, 6, 7 et 8, ou dans une cuvette percée de trous dans le fond et placée sur une cuve plus spacieuse (fig. 10, 11), comme cela a lieu dans l'arrondissement de Wissembourg (Bas-Rhin), et à l'aide d'un gros foulon (fig. 12), ou des pieds d'un hotteur, garnis de sabots (¹).

Le transport des raisins de la vigne à la halle du pressoir ou au cellier s'opère dans des cuves oblongues, dites *balonges*, placées sur deux ou quatre roues (pl. 17, fig. 2), ou en tonneaux de la contenance de trois à quatre hectolitres, nommés *barils* (*Stuckfass*) sur les rives du Rhin (pl. 17, fig. 3), ou enfin dans

---

(1) On a inventé plusieurs machines à fouler ou à écraser le raisin, dans l'intention d'accélérer ou d'abréger cette opération et de la rendre plus complète ; la fig. 13 de la planche 16 représente une de ces machines. Du reste, elles sont fort chères, sans présenter de grands avantages, ce qui fait qu'on les a presque généralement abandonnées.

des cuvettes comme celles indiquées ci-dessus, qu'on place à la file sur une longue voiture. (pl. 17, fig. 4).

Là où l'on fabrique les vins mousseux, les raisins qui doivent servir à leur composition sont cueillis le matin à la rosée et transportés au cellier dans des paniers posés à dos de cheval (pl. 17, fig. 5) ou dans des hottes portées par des hommes (fig. 6).

Arrivés à la halle du pressoir, les raisins qui n'ont pas été foulés dans la vigne sont soumis à cette opération. Les raisins blancs destinés à faire du vin blanc, ceux rouges, noirs ou blancs, dont on veut obtenir des vins mousseux sont jetés de suite sur le pressoir, pour subir le pressurage le même jour.

§ 5. Pressurage.

Le pressurage est l'opération qui a pour objet d'extraire le jus ou suc du raisin; pressurer veut donc dire exprimer le jus des raisins; ce suc a reçu le nom de *moût*.

La machine qui sert au pressurage se nomme *pressoir*.

Il existe des pressoirs de différentes formes, de différentes dimensions et de forces diverses. Anciennement on se servait généralement des pressoirs dits *à tesson*, *à cage* ou *à grand levier*; de nos jours, ce sont les pressoirs dits *à étiquets*, *à vis* (pl. 18, fig. 1), différemment modifiés, qui sont les plus en usage dans les vignobles du centre et du Nord-Est de la France, de même que dans les provinces rhénanes (pl. 18, fig. 2).

Les parties principales qui constituent un pressoir

à vis sont : 1° le lit ou fond du pressoir, dit la *maie* (pl. 18, *a a*); 2° les *chantiers*, pièces de bois sur les-quelles repose la *maie* (*b b*); 3° les poteaux parallèles, dits *jumelles*, situés des deux côtés de la *maie* (*c c*); l'arbre transversal, dit *arbre à écrou* (*d d*); 5° la *vis du pressoir* (*c e*); les *moises* ou liens en contrefiches, qui retiennent en place l'arbre à écrou lié aux ju-melles (*f f*).

Les pièces accessoires d'un pressoir sont : 1° les planches, au nombre de trois ou quatre, qui posent immédiatement sur le marc (*g g g*); 2° les *côtes*, pièces de bois dur, dites de *garniture*, qui sont placées sur les planches en se croisant (*h h*); 3° le *mouton* (*j j*), grosse pièce de bois que l'on place en travers sur les côtes, et qui reçoit, dans un enfoncement pratiqué dans son milieu, le pivot de la vis; 4° la *cuve du pres-soir* ou la *balonge*, recevant le moût qui découle du pressoir (*k k*); l'*arbre* ou le *tour* avec sa perche et sa corde *(l m)*, puis la *pèle* (*n*, pl. 19) et le *coupe-marc* ou la *doloire* (*o o o o o*, ib.).

La quantité de raisins dont on charge le pressoir s'appelle une *pressée*, un *sac de marc*. On nomme *marc de raisins* les raisins foulés, de même que ceux dont le suc a été exprimé.

Le *surmoût* ou la *mère-goutte* est le moût qui coule du pressoir avant que les *serrées* ne soient données à la *pressée*. On nomme *moût* ou *vin de taille* (de 1re, 2e et 3e taille), suivant que le marc a été taillé ou rogné plus ou moins de fois), le moût ou le vin nouveau qui découle du pressoir après chaque taille du marc et son repressurage.

On taille ou rogne avec la *doloire* ou le coupe-marc les bords de la pressée, qui ont échappé à la pression, et on les rejette au milieu de la pressée pour les soumettre à une pression suffisante.

Le moût ou le vin nouveau qui découle du pressoir est porté, au fur et à mesure que la balonge en est remplie, dans la cave et versé dans des tonneaux; le premier, pour y subir, et le second pour y achever sa fermentation vinaire.

§ 6, Fermentation en cuve sur marc ou avec la grappe.

Les raisins colorés avec lesquels on veut faire des vins rouges ou rosés, et quelquefois aussi des raisins blancs de maturité précoce, dont les vins sont sujets à tourner à la graisse, et qui n'ont pas assez de corps, au lieu d'être jetés sur le pressoir, en arrivant au cellier, sont versés dans des *cuves* ou *tonnes à fermentation* (pl. 19, fig. 1) de différente contenance, après les avoir préalablement foulés. On couvre ensuite légèrement la cuve, et de temps à autre, c'est-à-dire, chaque fois qu'on voit le marc monter et former chapeau au-dessus du moût, on le refoule avec une pioche ou un autre instrument, jusqu'à ce qu'il se trouve couvert de moût, et de cette manière reste toujours humecté.

Lorsque le chapeau montre enfin trop de résistance à l'instrument de foulage, c'est signe que la fermentation est en train; alors on ne refoule plus, et l'on couvre la cuve plus hermétiquement, en laissant pourtant une échappée au superflu du gaz acide carbonique. De cette manière il se forme, au-dessus du chapeau de la vendange, un amas de vapeurs, qui, retombant en rosée sur lui, l'entretiennent toujours suffisamment humide, pour l'empêcher de contracter un ferment acide, avant que la fermentation tumultueuse ne soit passée.

§ 7. Décuvage.

Lorsque la fermentation en cuve est arrivée au point auquel on la désire, on procède à l'opération du *décuvage*. A cet effet, on introduit près du fond de la cuve, dans une ouverture pratiquée pour cela, un grand robinet de cuivre jaune, par lequel on tire le vin nouveau qui découle du marc, et on le porte de suite dans les tonneaux pour l'y laisser finir sa fermentation ; le marc en est retiré ensuite et porté sur le pressoir, où on l'exprime jusqu'à siccité. Le marc exprimé est employé, soit à faire ce qu'on appelle du *petit vin*, de la *piquette*, soit à la distillation de l'eau-de-vie de marc, ou enfin à la fabrication de la potasse. Le marc qui reste des deux premières opérations peut encore être converti en engrais, ou en mottes pour le chauffage.

§ 8 Fermentation en cuve des raisins égrappés.

On avait beaucoup vanté depuis un certain nombre d'années, la fermentation en cuve des raisins privés de leurs rafles, comme pouvant produire des vins rouges plus délicats et plus agréables à boire ; mais après avoir expérimenté ce mode de fermentation pendant l'espace de 40 années, on y a presque généralement renoncé, parce qu'on a reconnu la nécessité de la présence en cuve de la rafle , pour rendre la fermentation à la fois plus active et plus courte, et obtenir des vins d'une couleur plus intense, plus vive, des vins plus forts et plus faciles à être conservés , et parce qu'on s'est assuré que la saveur légèrement acerbe que l'on trouve au vin fermenté sur grappes se perdait peu à peu , et qu'elle devenait agréable lorsque, toutefois, le vin n'était pas resté trop longtemps en cuve.

On avait inventé et prôné plusieurs machines à égrapper (des égrappoirs). dont une est représentée par la fig. 14 de la planche 16. C'est la plus simple et la moins chère. C'est une espèce de crible ou tamis qui se meut dans un chassis à rainures et que l'on pose sur une cuvette : celle-ci reçoit les grains écrasés des raisins et la grille en retient la rafle qui est mise de côté.

§ 9. Le mutage et le guillage.

Il arrive parfois, et principalement pour la fabrication des vins blancs , dits mousseux, qu'avant de laisser fermenter le moût, on le soumet à l'opération soit du *mutage*, soit du *guillage*.

L'objet de ces deux opérations est de débarrasser le moût d'une partie de sa grosse lie , en retardant la fermentation tumultueuse , et leur but est d'obtenir des vins limpides et potables plus tôt et moins sujets à tourner à la graisse ou à devenir filants.

L'opération du *mutage* consiste à saturer un tonneau de gaz sulfureux, en y brûlant un certain nombre de mêches soufrées, à y verser le moût, et à le tirer, après quelque temps, de dessus sa grosse lie qui s'est déposée au fond du tonneau, pour laisser le moût limpide.

Le *guillage* consiste à verser le moût fraîchement extrait dans une tonne ou cuve, de l'y laisser jusqu'à ce qu'il se soit formé au dessus un chapeau d'écume, produit par la grosse lie, qu'on enlève avec des écumoires, après quoi on soutire le moût pour le porter immédiatement dans des tonneaux, dans lesquels il devra subir sa fermentation vinaire.

CHAPITRE II.

CONSERVATION DES VINS ENCAVÉS.

§ 1. Vaisseaux vinaires.

Les vins encavés sont conservés dans les vaisseaux vinaires ; parmi ces vaisseaux, les *tonneaux* constituent les principaux et les plus usités. Viennent ensuite les bouteilles.

Le tonneau est un vaisseau construit de douves arc-boutées, en bois de chêne le plus souvent, et contenues par des cerceaux de bois ou de fer. Ces derniers sont les plus solides et les plus durables.

La contenance des tonneaux varie progressivement depuis 50 litres jusqu'à 100 et 200 hectolitres, en Alsace en particulier.

Dans la plupart des départements viticoles de l'intérieur de la France, où le vin se vend d'ordinaire avec le vaisseau qui le contient, celui-ci est généralement d'une plus petite contenance.

D'après la langue vulgaire de chaque pays, on les nomme *fût, futaille, barrique, baril, poinçon, pièce, tiercerole, muids, pipe, tierçon, botte, busse, feuillette, demi-queue,* etc. La contenance de tous ces vases est presque toujours entre 210 à 230 litres, ce qui équivaut au *Stück-Fass* des rives du Rhin inférieur et au *Vierling* (quartelet). Le *Fuder* du Rhingau est un tonneau de 1200 à 1250 litres de contenance.

L'expérience a constaté que le vin se conserve mieux dans les grands tonneaux que dans ceux de petite contenance; qu'il y souffre moins de déchet par l'évaporation, y dépose plus facilement ses impuretés, appelées *lies de vin,* et s'en soutire plus net.

§ 2. Soutirage ou transvasement des vins.

Le vin nouveau, après qu'il a fini sa fermentation sensible , et que la lie qu'il contient s'est déposée en grande partie au fond du tonneau, est transvasé, c'est-à-dire soutiré au clair et versé dans un autre tonneau propre, imprégné de la vapeur du soufre qu'on y a brûlé, au moyen d'une mèche soufrée. Ce transvasement se répète plus ou moins souvent, suivant l'âge, la qualité et l'état du vin. C'est à cette opération répétée , au moyen de laquelle le vin se dépure successivement de tout élément propre à renouveler la fermentation, qu'est due en grande partie sa bonne conservation. Si , dans cet état de dépurement, qu'on peut rendre complet par l'opération du *collage,* on tire le vin en bouteilles, il peut

se conserver pendant des années, sans altération
et sans perte par l'évaporation : ses bonnes qualités y seront même mieux développées.

§ 3. Collage des vins.

Cette opération consiste à introduire dans le vin
une substance qui, en se déposant, entraîne avec
elle les impuretés qui ôtent au vin sa limpidité.
Ainsi, le but du collage est d'obtenir du vin par-
faitement limpide et net d'impuretés.

On se sert, à cet effet, le plus souvent, de colle
de poisson dissoute dans du vin pour les vins blancs,
et de blancs d'œufs pour les vins rouges. On verse
l'une ou les autres dans le tonneau contenant le vin
à coller ; on remue celui-ci fortement au moyen
d'un bâton fendu en quatre par le bout, ou mieux
avec une palette percée d'un certain nombre de trous.
On laisse reposer jusqu'à clarification parfaite du vin,
après quoi on tire celui-ci de dessus le dépôt formé
par la colle précipitée avec les impuretés, et on le
verse dans un autre vaisseau bien net.

CHAPITRE III.

DISTINCTION DES VINS SOUS DIFFÉRENTS RAPPORTS.

Le *vin*, qui est le résultat de la fermentation
spiritueuse du moût des raisins, est composé d'eau,
d'esprit de vin (alcool), d'acide tartreux et de
parties terreuses, intimement mélangées, en pro-

portions diverses, selon l'espèce de raisin et le degré de sa maturité.

La *piquette* ou le *petit-vin* est la boisson qu'on obtient de la fermentation du marc des raisins exprimés, sur lequel on verse une certaine quantité d'eau.

Sous le rapport de l'âge des vins, on les distingue en *vins nouveaux* et en *vins vieux*. Le vin nouveau est celui qui n'a pas encore un an d'âge; le vieux, celui qui compte déjà plusieurs années depuis sa fabrication.

On appelle *vin de garde* celui qui se laisse conserver facilement, pendant un bon nombre d'années, sans perdre ses qualités ou sans s'altérer.

On nomme *vin noble* ou *vin gentil* celui qui se distingue particulièrement par la suavité de son goût, par sa finesse, sa *délicatesse* accompagnée d'une spirituosité suffisante.

Le *vin commun* est celui qui n'est que de qualité ordinaire ; le vin mixte est un mélange des deux précédents.

On distingue encore les vins sous le rapport de la cohésion des parties qui les constituent et de leur degré de spirituosité, en *vins forts*, *vins corsés*, *spiritueux* et en *vins faibles* ayant peu de corps et de spirituosité.

Sous le rapport du goût ou de la saveur qu'ils impriment à la langue, on les distingue en vins secs, joignant à de la spirituosité une acidité agréable, et en *vins doux*, *vins liquoreux*; puis en vins de *li-*

queur, soit naturels comme les vins de paille (1) et les vins muscats du Midi, soit artificiels, comme les vins cuits.

Il y a aussi des *vins mousseux*, tels que ceux de la Champagne et d'autres lieux, qui sont d'un grand usage de nos jours.

On nomme *vin fin* celui qui a un goût délicat. Il y en a qui sont d'un goût fade, d'autres sont âpres et durs (*vins âpres, vins durs*), d'autres enfin sont acides (*vin acide*).

Quelques espèces sont douées d'un certain bouquet, d'un goût aromatique (*vins aromatiques*), d'autres en sont totalement privés.

On distingue encore les vins en *vins de table* ou *vins ordinaires*, et en *vins de dessert*. Les premiers sont des vins qui supportent l'addition d'une certaine quantité d'eau, lorsqu'on les boit ; les seconds sont ou des vins mousseux de Champagne, ou des vins secs d'une qualité prisée, comme les vins fins dits du Rhin (les *Riesling*), les vins de Bordeaux et de Bourgogne, ou des vins doux, liquoreux ou de liqueur, comme les vins de paille, muscats et autres.

Quant à la couleur des vins, elle est ou rouge de grenat ou clairette, paillette ou blanche : *vin rouge, vin clairet, vin blanc, paillet* ou jaunâtre.

---

(1) On nomme vin de paille, le vin qu'on obtient de raisins bien mûrs, qu'autrefois on déposait sur de la paille et que de nos jours on suspend deux à deux par des filets à des bâtons posés sur des râteliers, jusqu'au moment où l'on exprime leur moût, ce qui ne s'opère ordinairement que vers le printemps.

On appelle *vin frelaté* tout vin qui n'est pas naturel, c'est-à-dire, qui n'a pas été fabriqué avec le raisin seul ou qui a été mélangé de matières étrangères, d'esprit de vin, par exemple, pendant ou après sa fermentation vinaire.

CHAPITRE IV.

MALADIES DES VINS.

Parmi les maladies ou les altérations auxquelles les vins sont le plus sujets, nous ne ferons mention que des deux principales et les plus fréquentes, savoir : la *graisse* du vin et son acidité ou *acescence* spontanée.

§ **1. La graisse du vin.** C'est l'état du vin où il a perdu sa fluidité naturelle, et file comme de l'huile lorsqu'on le verse dans le verre ; on dit alors de ce vin qu'il file ou qu'il a tourné au gras.

Les vins faibles et délicats, produits de raisins d'une jeune vigne fortement ou récemment fumée, ou de raisins d'espèces précoces, de nature pulpeuse ou glutineuse, etc., sont les plus sujets à cette maladie. On la prévient souvent, en fumant modérément la jeune vigne, en répétant plusieurs fois le transvasement, quatre à cinq fois, pendant les deux premières années après la confection du vin ; en soumettant le moût à l'opération du mutage ou du guillage avant la fermentation, enfin en mélangeant le vin nouveau avec celui plus corsé et plus spiritueux de certains cépages plus tardifs.

§ **2·** **L'acescence** est cet état du vin où il a pris un goût d'aigre et commence à se désorganiser.

Cette altération du vin est presque toujours la suite de quelque faute commise dans la vinification ; les vins rouges, les vins délicats, peu corsés, ceux qui contiennent beaucoup de matières fermentescibles , etc. , qui les rendent sujets à un renouvellement de fermentation sensible, sont les plus disposés à contracter cette maladie. On pourra la prévenir le plus souvent, en donnant à la vinification l'attention nécessaire pour empêcher l'introduction dans le vin de tout ferment acide. Une fois déclarée, on parvient difficilement à la guérir.

Le cadre étroit d'un manuel élémentaire destiné à des écoliers de 8 à 12 ans, ne me permet pas d'indiquer ici toutes les recettes qu'on trouve dispersées dans les ouvrages de nos œnologues, tant anciens que modernes, pour la guérison de la graisse et de l'acescence spontanée du vin.

II. PARTIE.

Vinification ou fabrication du vin.

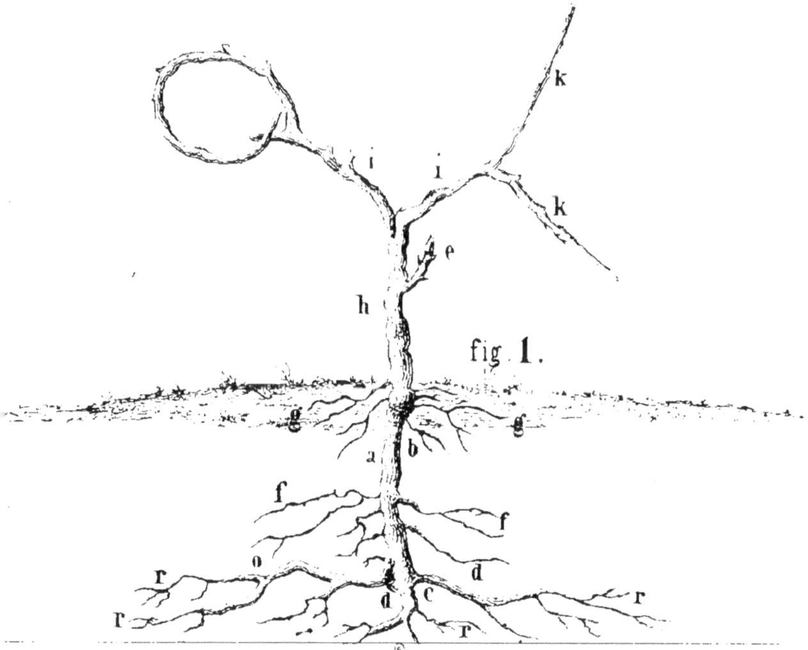

k
i
i
k
e
h
fig. 1.
g
g
a
b
f
f
r
o
d
r
d
c
r
r

fig. 3 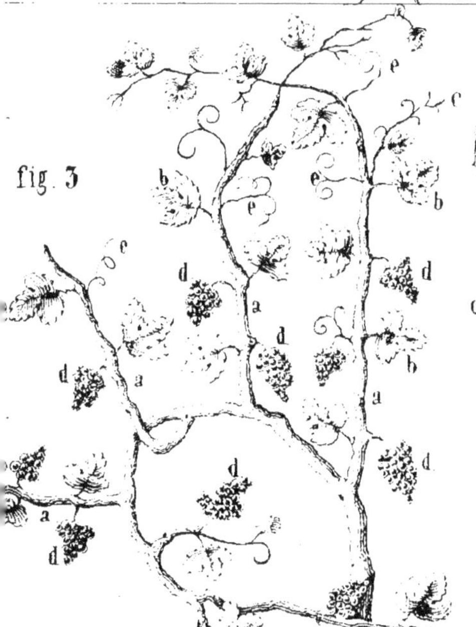
e
e
c
b
e
e
b
c
e
d
f
d
a
d
b
d
a
e
b
c
a
f
d
a
f
fig. 2.
g
f
e
e
d
d
a
a
a
b
d
d
d

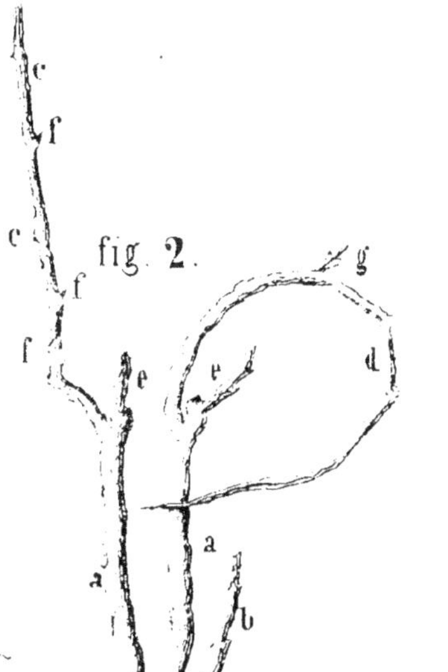

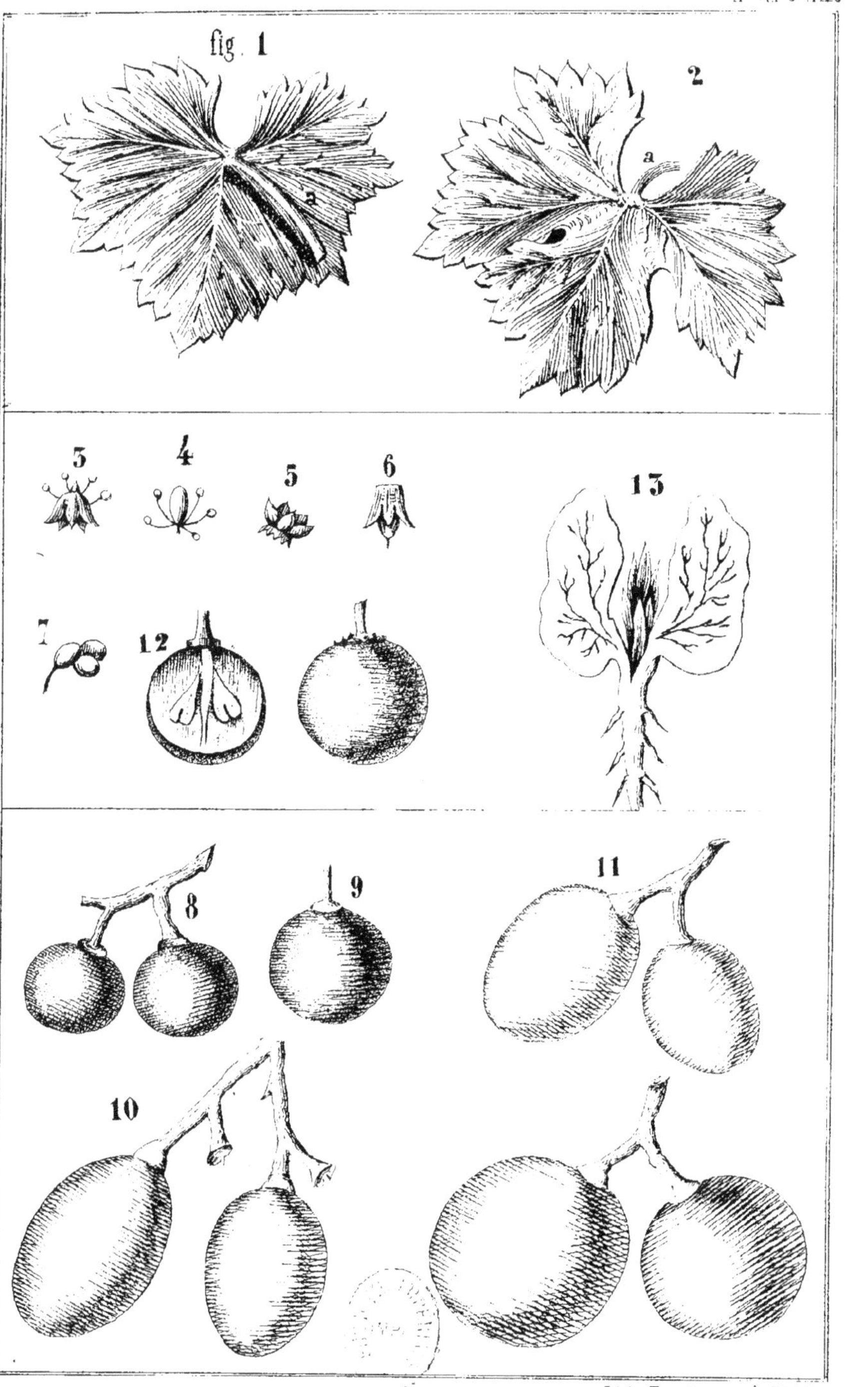

fig. 1
2
a
3
4
5
6
13
7
12
8
9
11
10

1
2
3
4

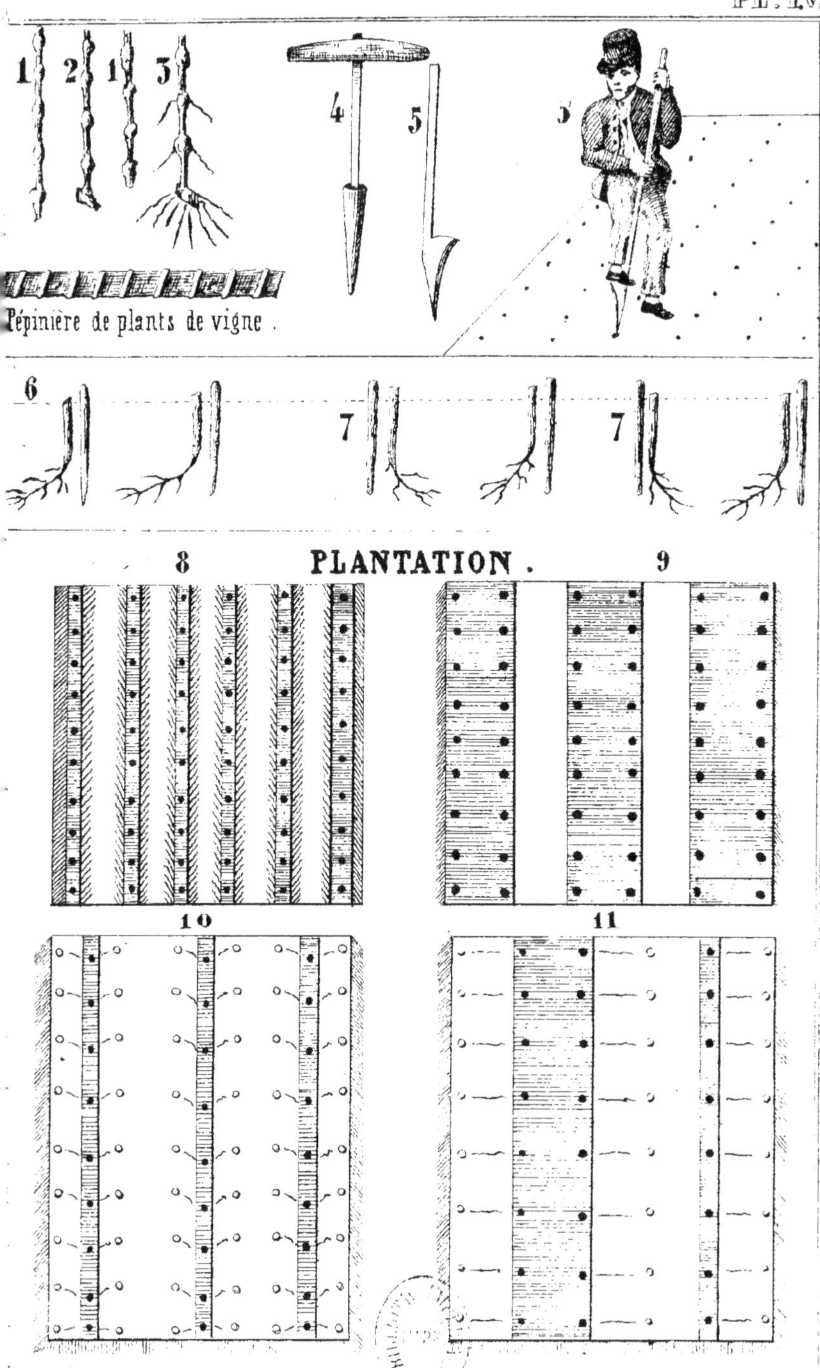

Pépinière de plants de vigne.
PLANTATION.

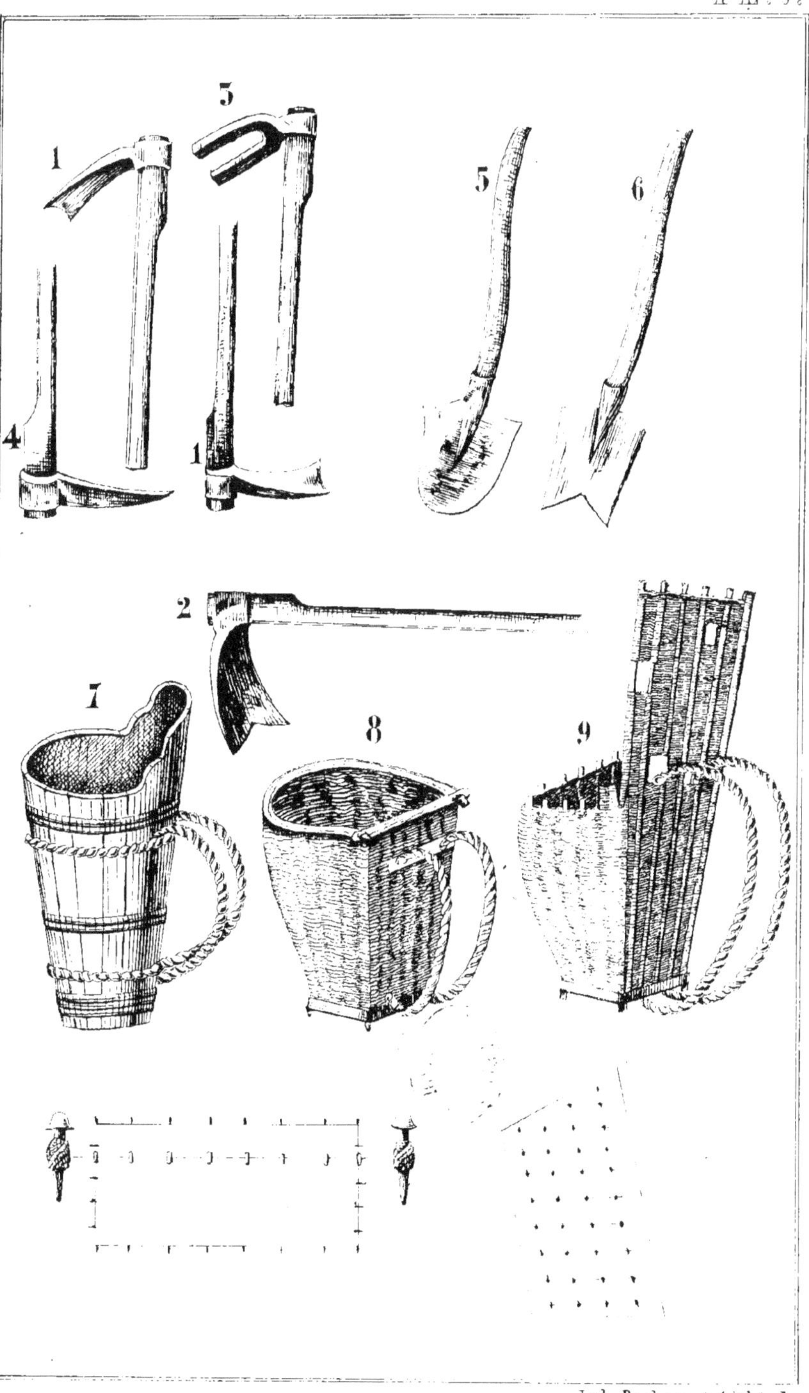

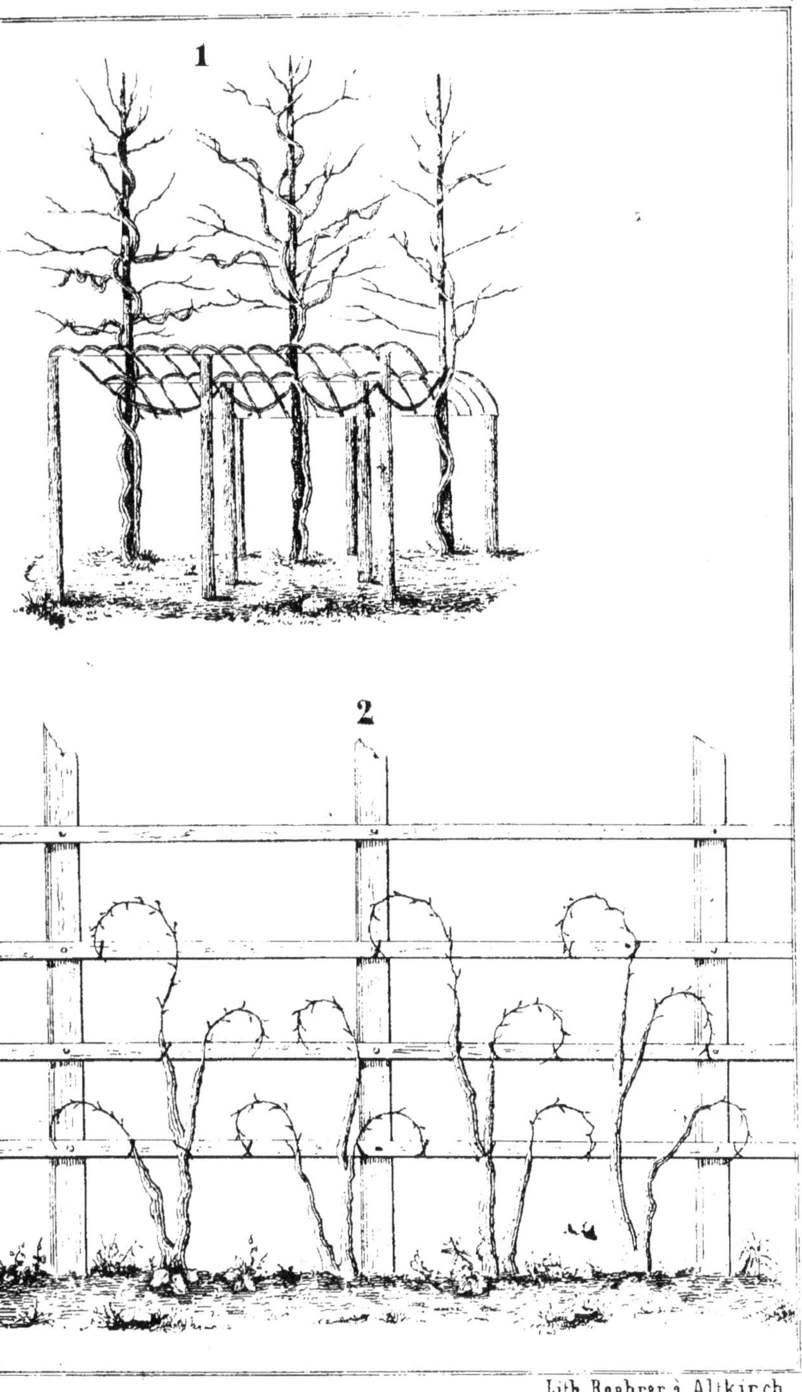

1
2

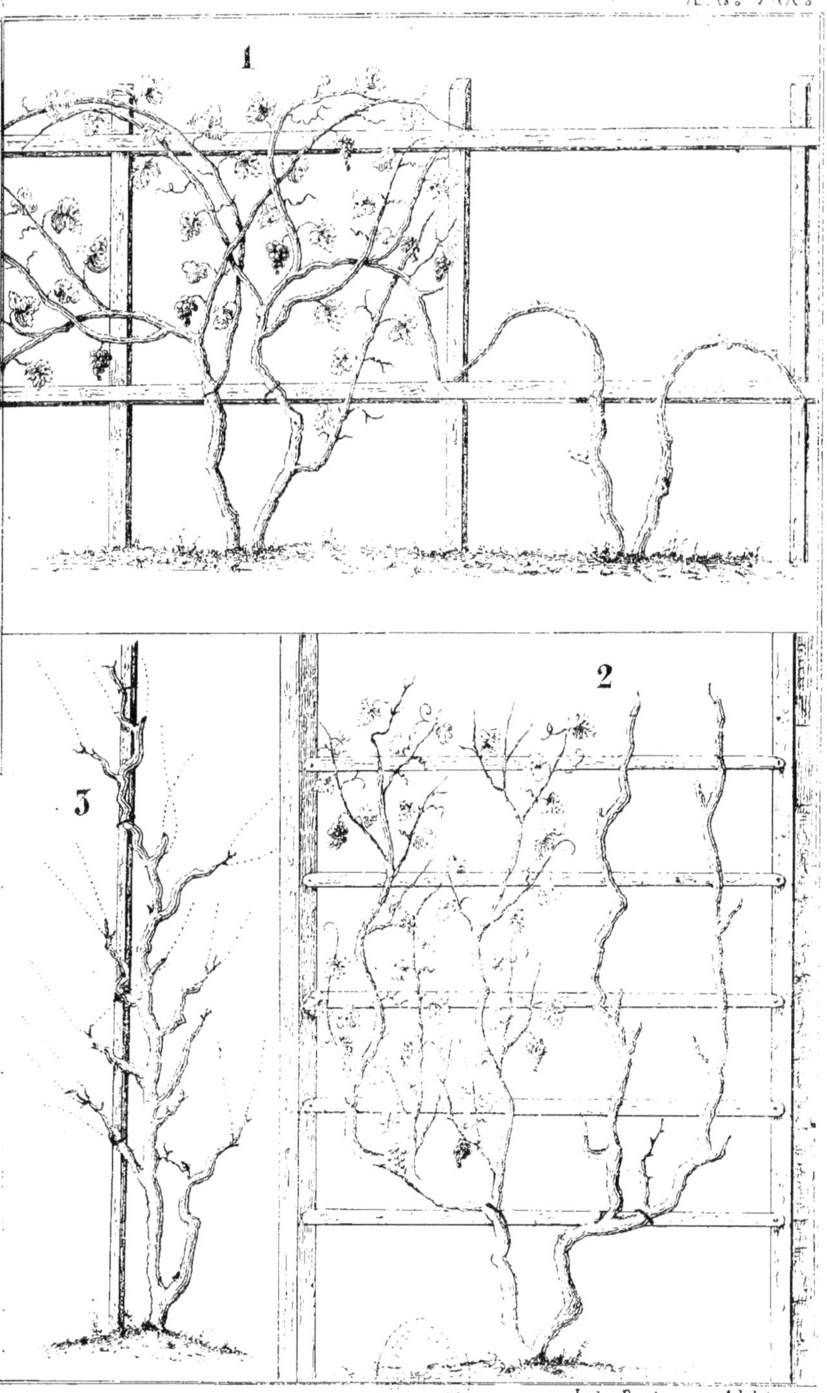
PL. VII.
1
2
3
Lith. Boehrer a Altkirch.

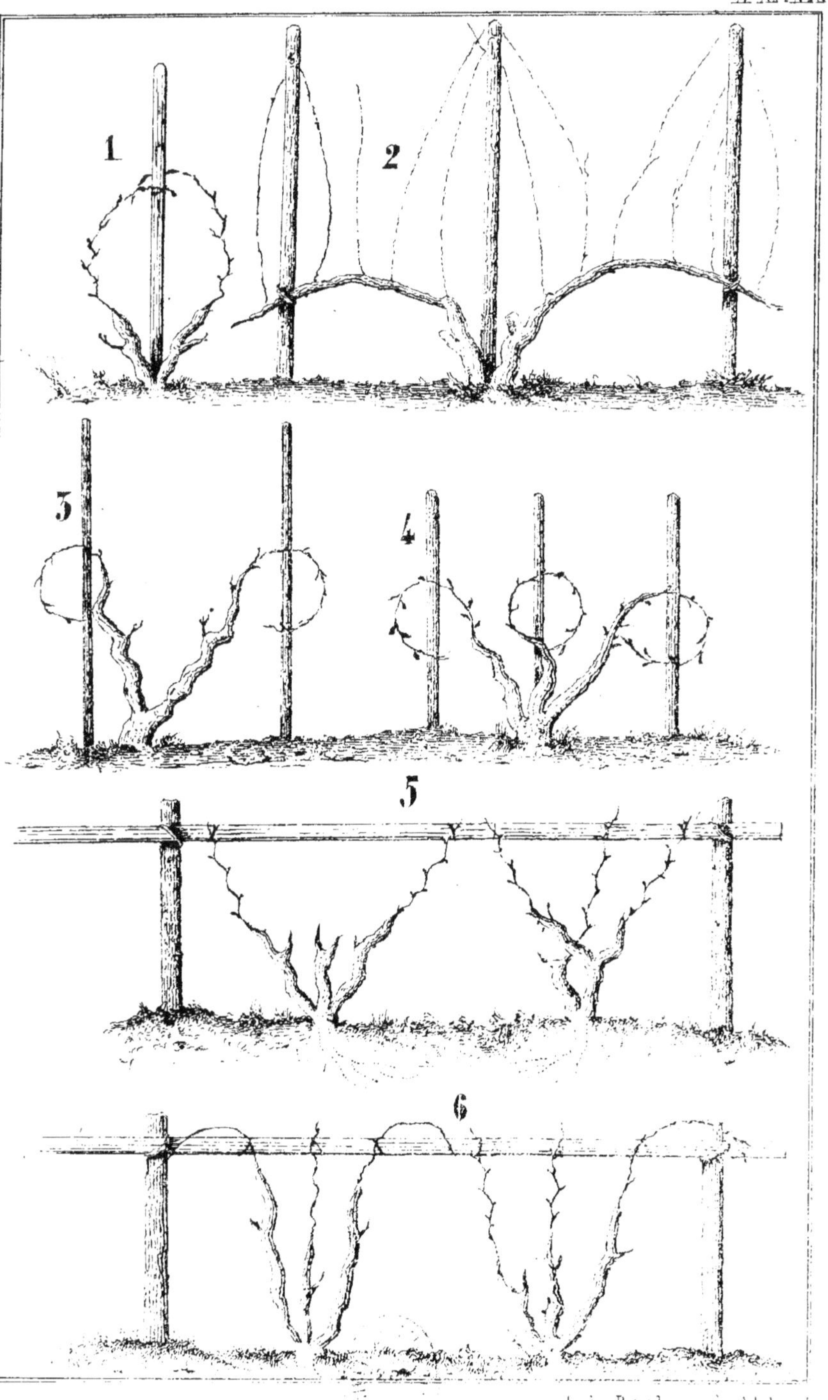

Lith. Boehrer à Altkirch

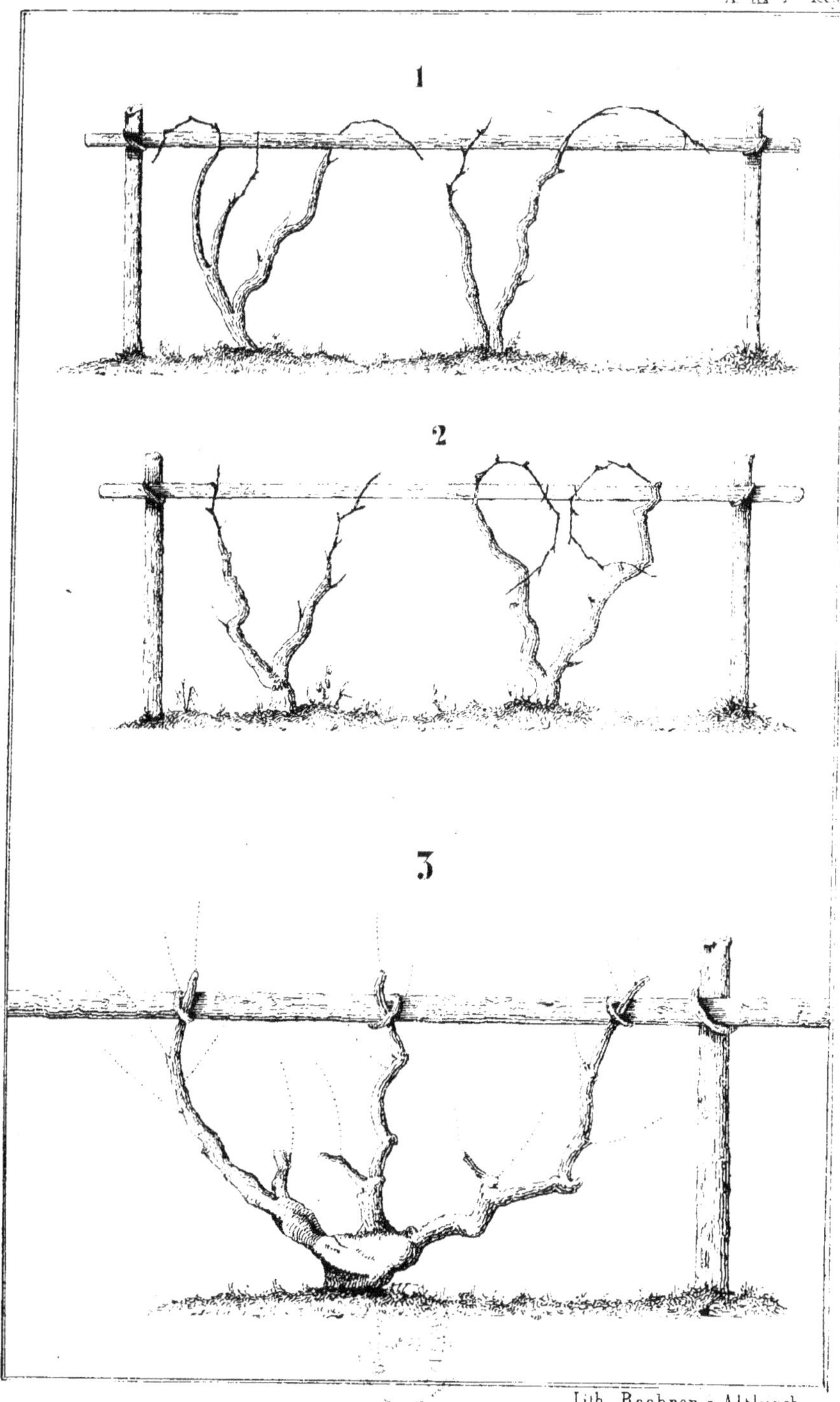
1
2
3
Pl. X.
Lith. Boehrer a Altkirch.

Lith. Boehrer à Altkirch.

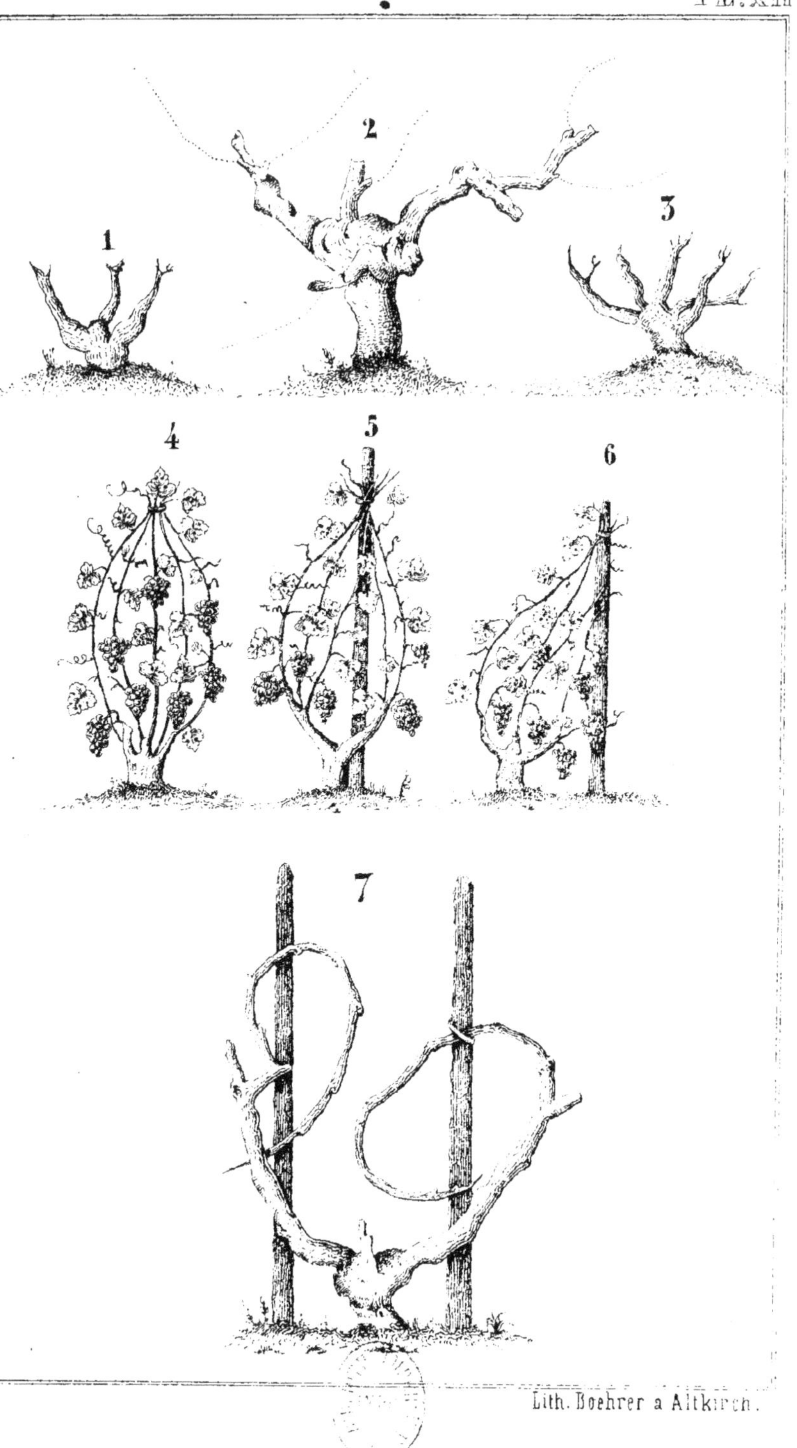

Lith. Boehrer a Altkirch.

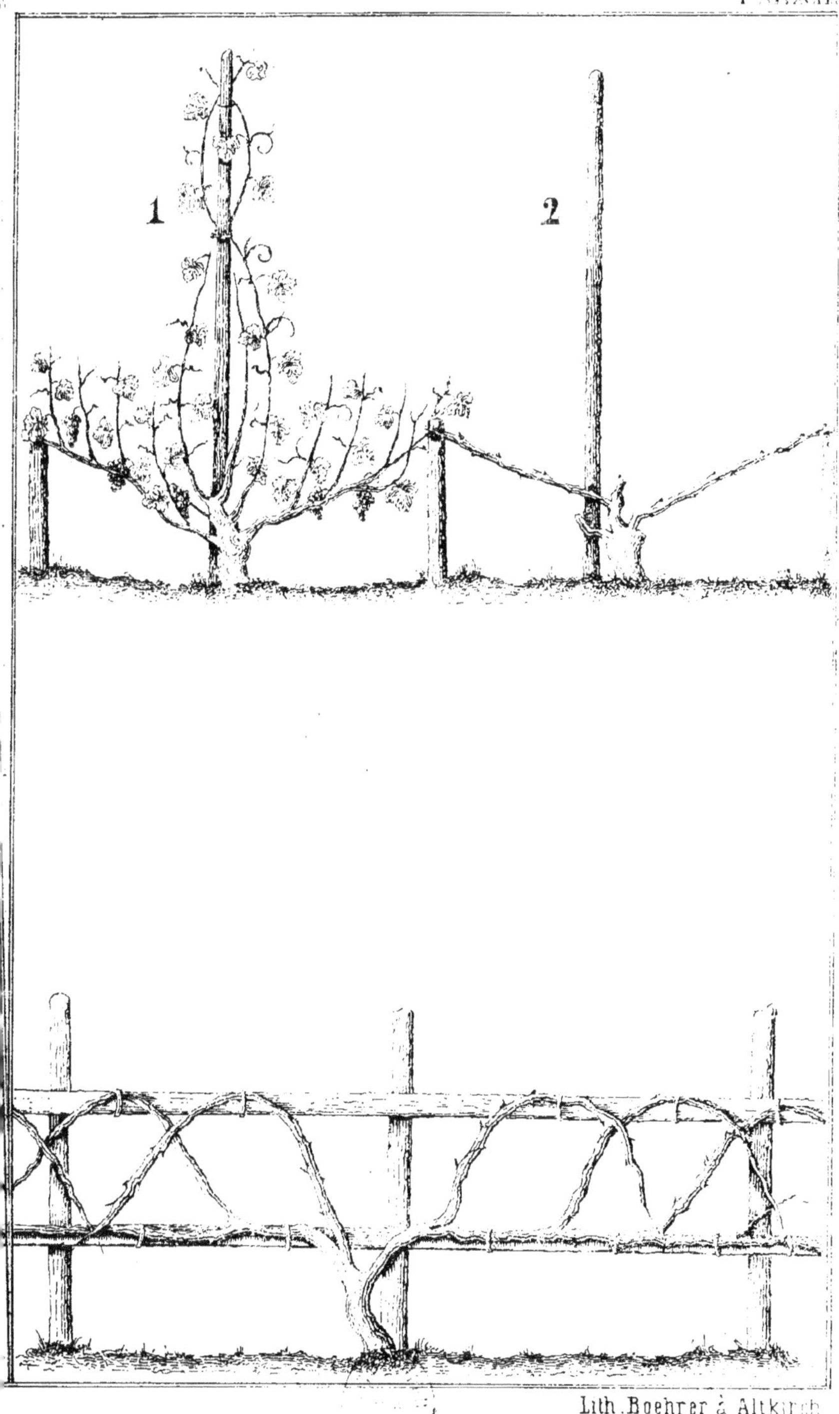

Lith. Boehrer à Altkirch.

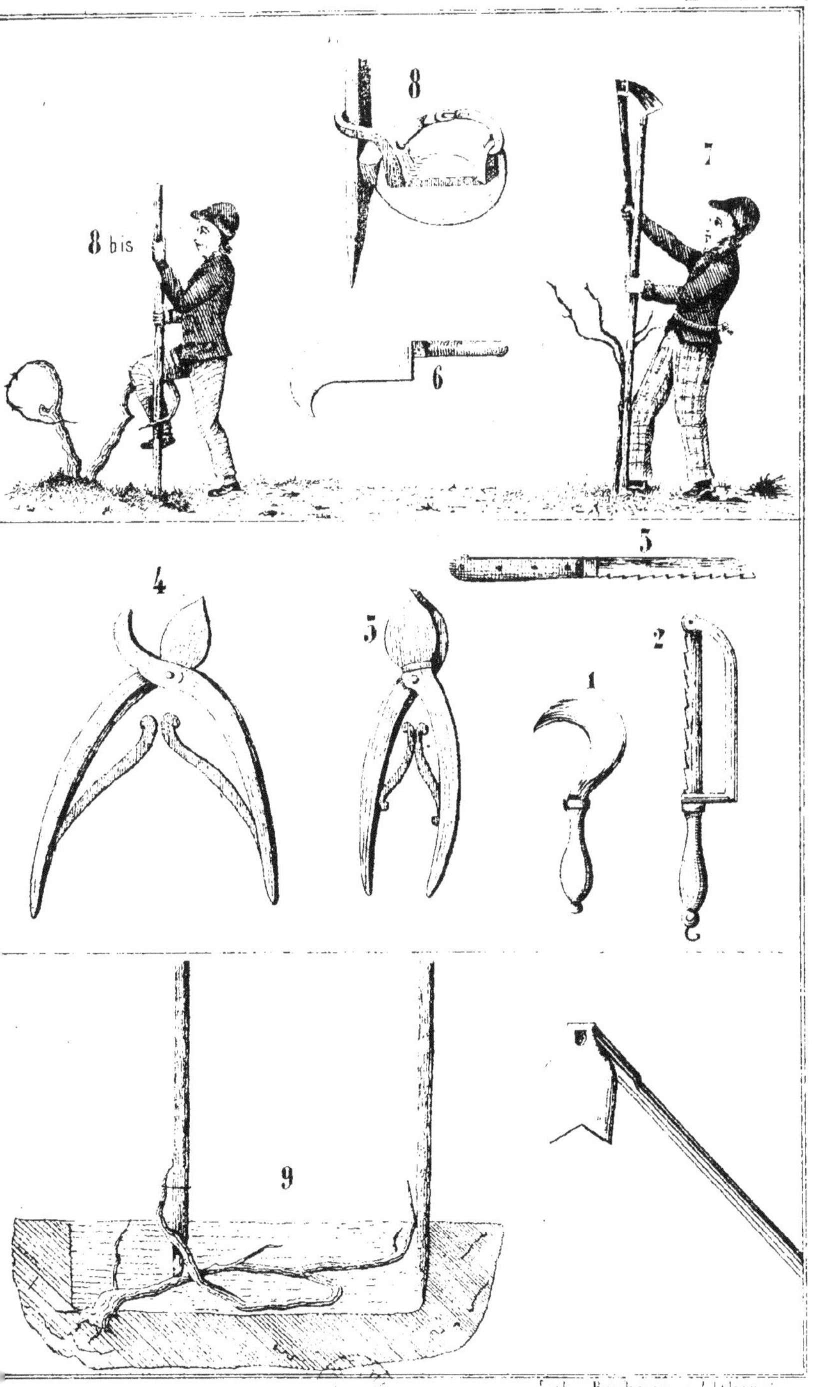
8 bis
8
7
6
5
4
5
1
2
9

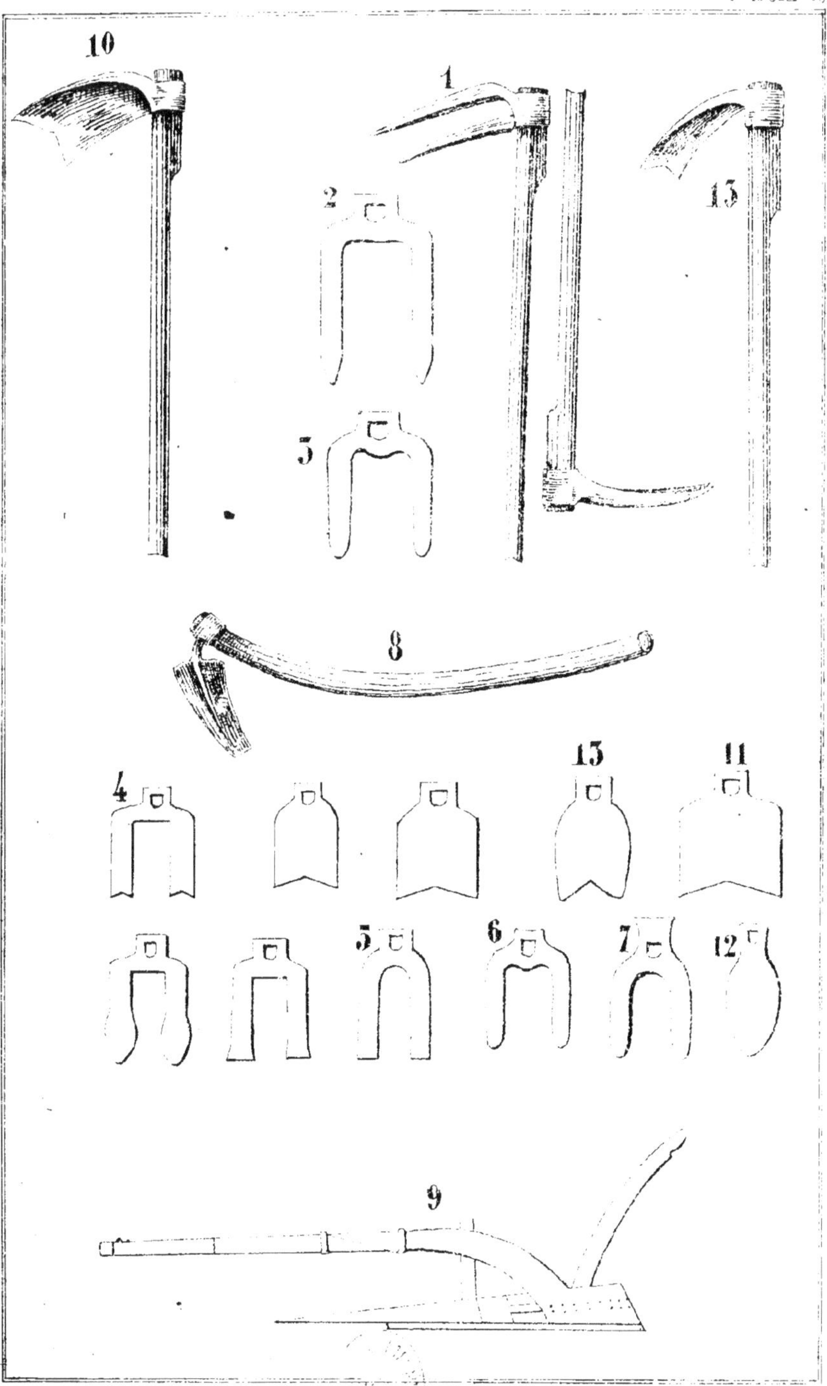

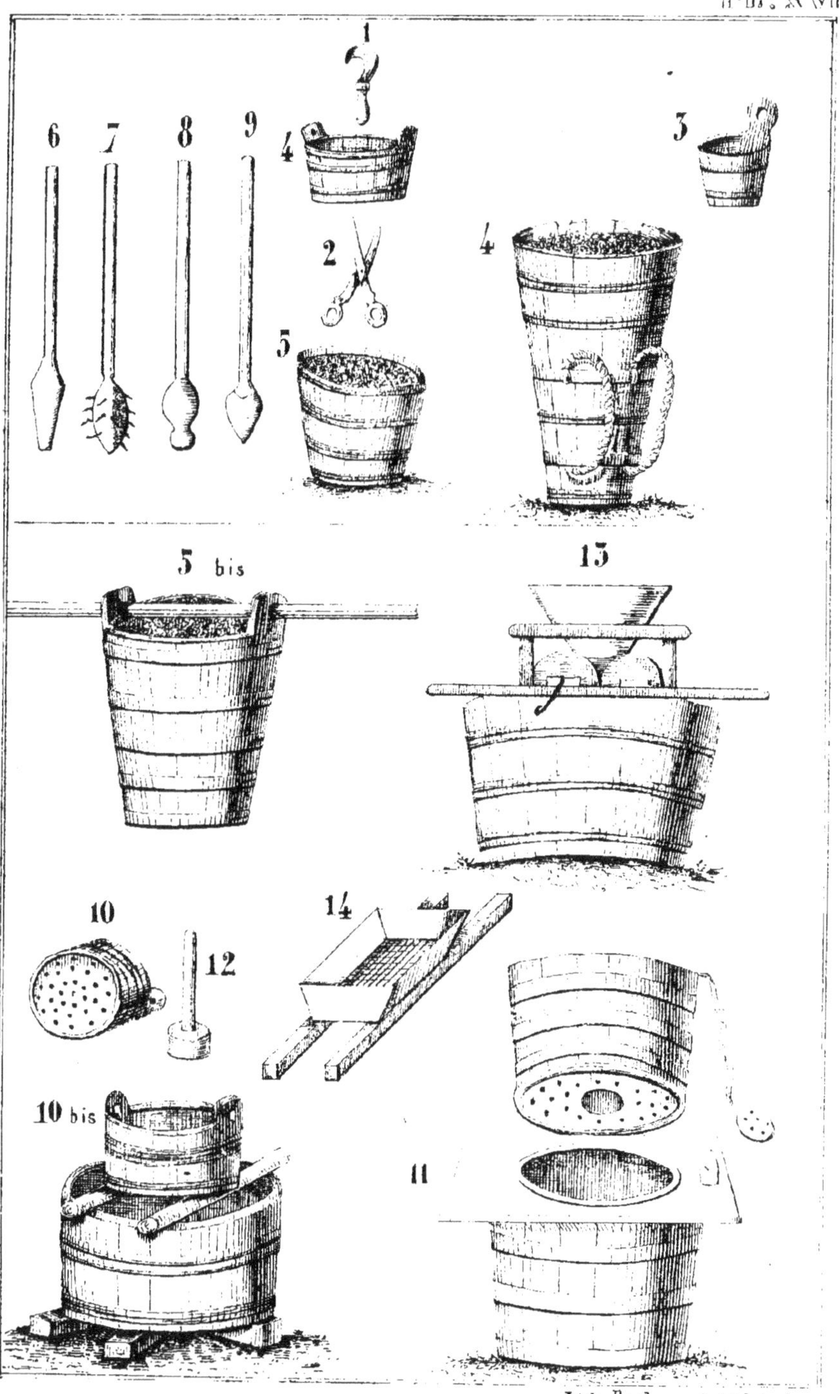

Lith. Boehrer à Altkirch.

Lith. Boehrer à Altkirch.

Pressoir bourgignon.

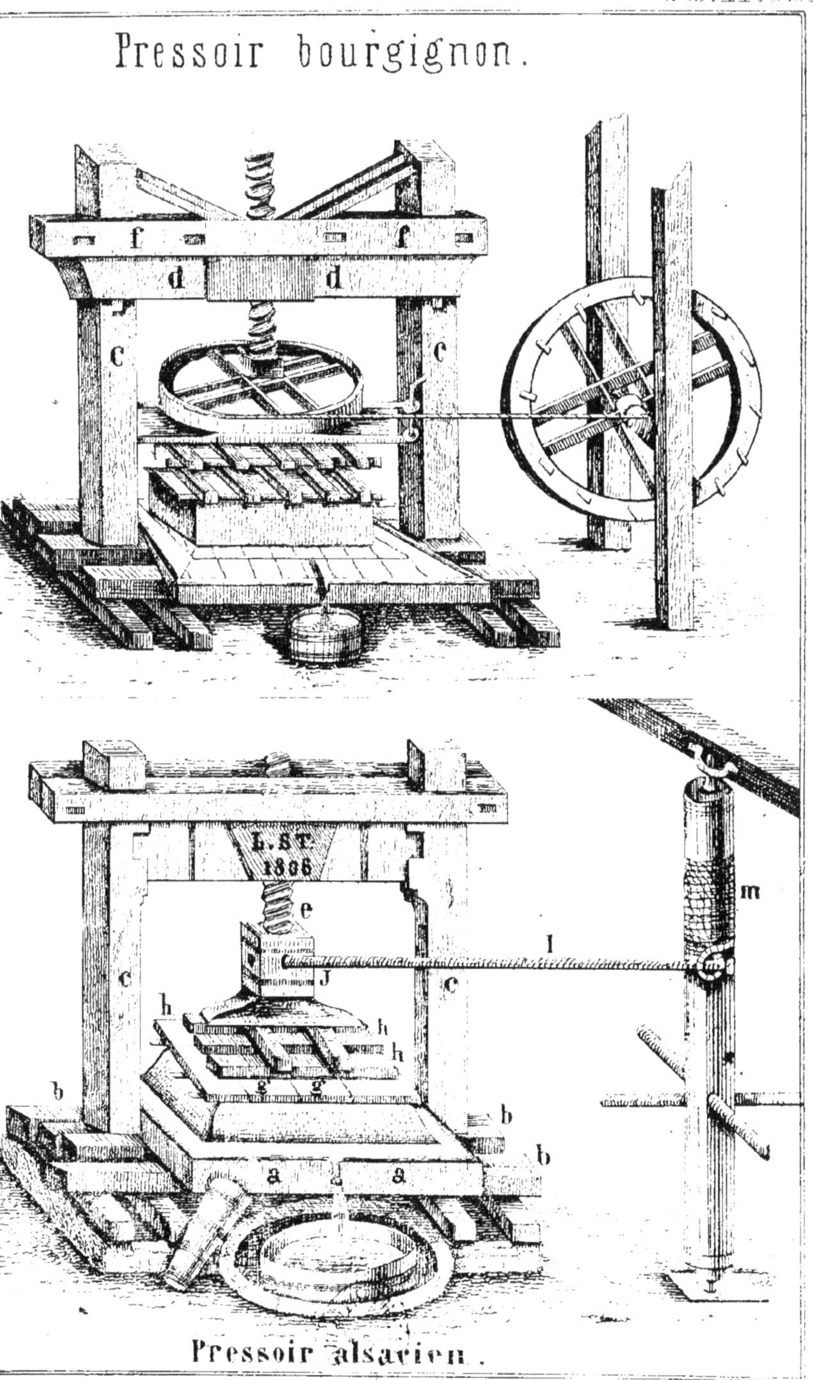

Pressoir alsacien.

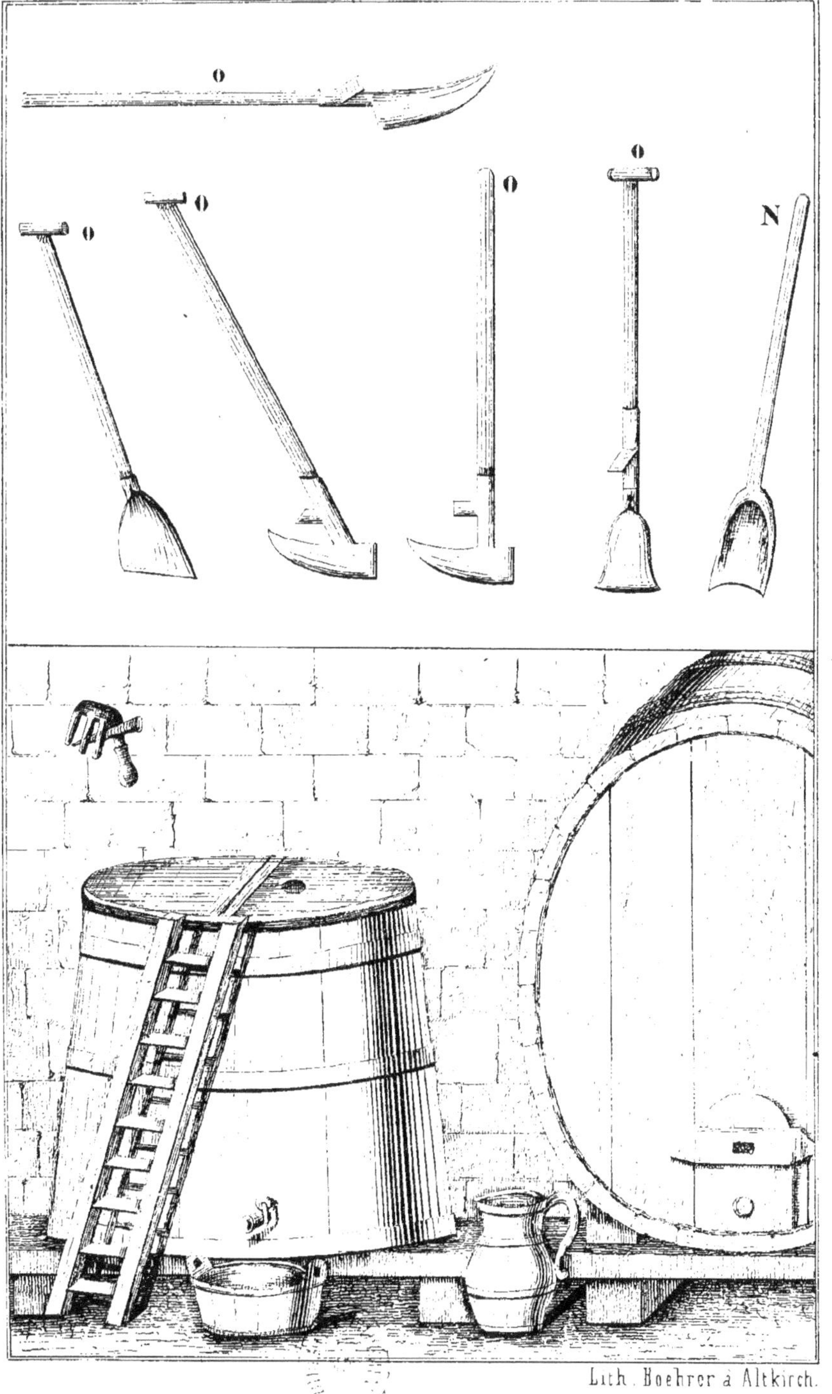

O
O
O
O
O
N
Lith. Boehrer à Altkirch.